THE STORY OF ARTISAN BREAD

CRAFT BAKERIES

パンの探求　小麦の冒険　発酵の不思議

2015 EDITION

青山パン祭り by Bread Lab

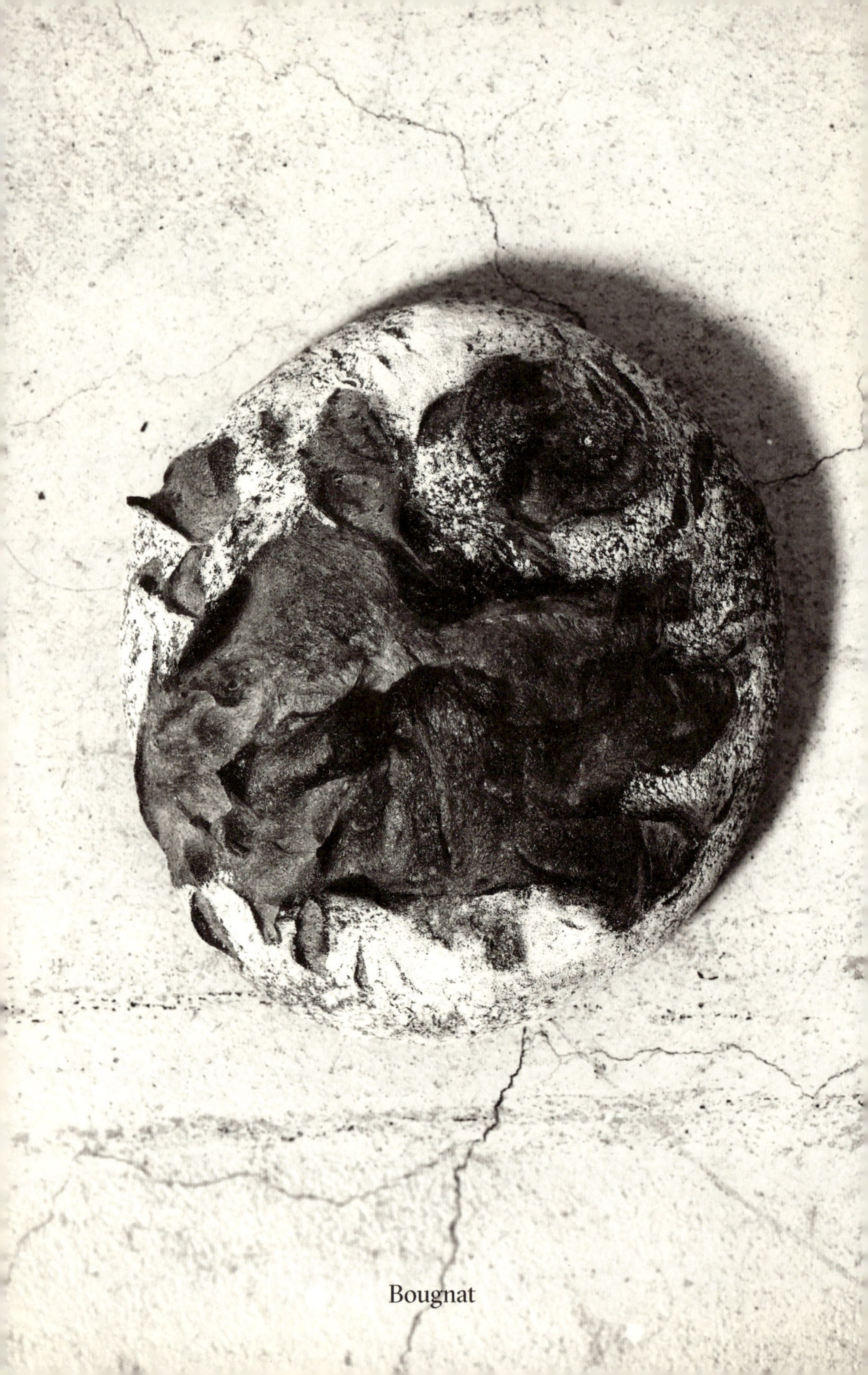

Bougnat

はじめに

幼い頃から、パンが好きでした。中学生の時、自分はパンが好きなのだと自覚し、高校に入り、お小遣いで自由に食事を選べるようになるとパン屋さんばかり巡っていました。そして今も、パンのことばかり考えています。焼き立てパンのあのにおいは、私にとって「幸せのにおい」そのものです。

パンを食べれば食べるほど「そのパンがどう生まれたのか」が気になって仕方なくなりました。どんな人が、どんな想いで、どんなふうにつくったパンなのか。千軒近くのパン屋さんに行き、何千個ものパンを食べてきたけれど、記憶に鮮やかに残り「また行きたい」と心が弾むパン屋さんは意外に少ないものです。そんな「心に残るパン屋さんの味」を多くの人に伝えたいと思いました。

パン生地は手で捏《こ》ねます。人の手にはたくさんの菌が住み着いていて、その手で直接生地を触ることで唯一無二の発酵がおこり、てのひらを通してつくり手の想いまでもがパンに染み込む気がしています。これこそが「記憶に残るパンの味」の秘密なのではないかと思うのです。美味しいパンは、つくり手の強い想いと信念なしには生まれないのではないでしょうか。だからこそ、手仕事で丁寧にパンを焼く良心的なお店「クラフトベーカリー」を、心で取材してみたいと思いました。私はつくり手ではありません。ですが、パン屋さんのことを、パンのことをとても知りたいです。パンの食べ手の代表として「パンで世界を、人を繋いでみたい」のです。

美味しいパンがあることはもちろん大切ですが「良いパン屋さん」はそれだけでつくられるものではありません。私たちの思う「素敵なパン屋さん」だけを集め、パン屋さんとパン好きの皆様とともに、パンが好きなすべての人のためにつくったこの一冊が、パンとあなたの関係をもっと幸せなものにできたら嬉しいです。

Bread Lab チーフ・ディレクター　入江 葵

CONTENTS

CHAPTER 1 The Adventure of Flour 小麦の冒険

CHAPTER 2 The Wonder of Fermentation 発酵の不思議

CHAPTER 3 The Pursuit for the Perfect Loaf of Bread パンの探求

WATER

WHEAT

SALT

YEAST

CHAPTER 1

The Adventure of Flour

小麦の冒険

麦からはじまるストーリー

パンは究極、麦の粉と水でできる。人間は、水をつくることはできないが、土さえあれば、小麦やライ麦、何かしらの麦を育てることはできる。人がつくる素材の中で、もっとも深い部分でパンに関わり、ダイレクトにパンの美味しさを決めているのは麦なのだ。パンづくりに主に使われるのは小麦。小麦には育った土地ならではの風味があり、収穫年によっても、状態は変化する。だからこそ、その小麦に合ったパンがある。そして小麦そのものの品質や特徴以外に、挽き方によって味わいが変わるのも面白い。その昔、ドイツでは粉挽きは典型的な職人仕事だったそうだ。人力からはじまった製粉は、やがて動物、風力や水力となっていき、自然の力とリズムに合わせて行われた。現代では機械で挽くことがほとんどになったが、変わらないのは、生産者さんが手塩にかけて育てた麦を、美味しいパンにして、食卓に届けるということ。パン屋さんは、製粉されたものを仕入れたり、鮮度を求めて自家製粉したり、それぞれに合った方法で小麦と関わっている。種からはじまり、その土地の風土を吸収し、収穫され、製粉され、パンとなり、それが人々の喜びとなる。小麦の冒険は、そこに関わる人たちといくつものストーリーをつくりながら、続いている。

№ 001 Burlington, WA, USA

The Bread Lab

p012-013 _
広大な敷地に広がる美しい小麦畑。一列ずつ異なる品種が植えられており、それぞれ列ごとに品種の看板がさしてある

スティーブ博士は麦のプロフェッショナル。日本から持参した「桑名もち小麦」の粉にはじめて触れると喜び「日本の麦は美しいね」とも。北海道を訪れた経験もあり日本人はもっちりテクスチャーが好きだよね、と分析

p015 _
草履のような穂を持つ麦

フィロソフィーあふれる実践の研究室

　青い空のもと畑へと続く一本道を行くと、目の前に広がる黄金の小麦畑。柔らかな風が吹くたびさわさわ響く麦の音。こんなに美しい麦畑を今まで見たことがない。「ブレッド・ラボ」はワシントン州立大学・マウントバーノン校の植物育成プログラムの一環で、世界中から集めた4万種以上の穀物を管理するリサーチセンターだ。10名の研究員と5名の学生で組織された、全米でも珍しい研究所。小規模でインディペンデントな地元の農家が、オーガニックで栄養価が高く希少価値のある多様な小麦を持続的に生産できるよう、サポートするのがこの研究所の大きな目的だ。新しい麦を開発し、日々改良を続ける。湿度が低く雨も少ないこの土地は小麦づくりに最適だ。畑は1列ごとに品種が異なり、それぞれの麦に名札が立てられている。

「ブレッド・ラボ」ディレクター兼・麦ブリーダーのスティーブ博士が研究所内を案内してくれた。大きな廊下を進みラボラトリーへ近づくと、焼き立てパンの香ばしい野性的な香りに食欲が刺激される。ラボへ入ると、専属ベイカーのジョナサンさんがスコーンを焼いていた。「若い頃は世界を旅して回り、仕事もせずバンドを組んで音楽に夢中だった。やることがなかった時、思いつきでパンを焼いてみたんだ。はじめは口にできるようなものじゃなかったけど何度も焼くうち、パンをつくることなら誰かのためになれる気がした。それからサンフランシスコで本格的にパンづくりを学び、ベーカリーで経験を積み、2年前にスティーブと出会いここへ来た。対価としてのパンではなく、職人の愛や魂を込めたパンづくりができることに惹かれたんだ」。ここでは実験的に、週に3回ほどパンを焼くが、それらはお金でやり取りされず、すべて研究員や家族友人、フードバンクやホームレスの人々へ配ることもある。

細長いものや丸いもの、背の高低、色の濃い薄い……「あさみ」という日本語名の麦も。畑では、麦だけではなくオーツやモルトなどの穀物や林檎、30種の果実も栽培している

CHAPTER 1   **The Adventure of Flour** | The Bread Lab

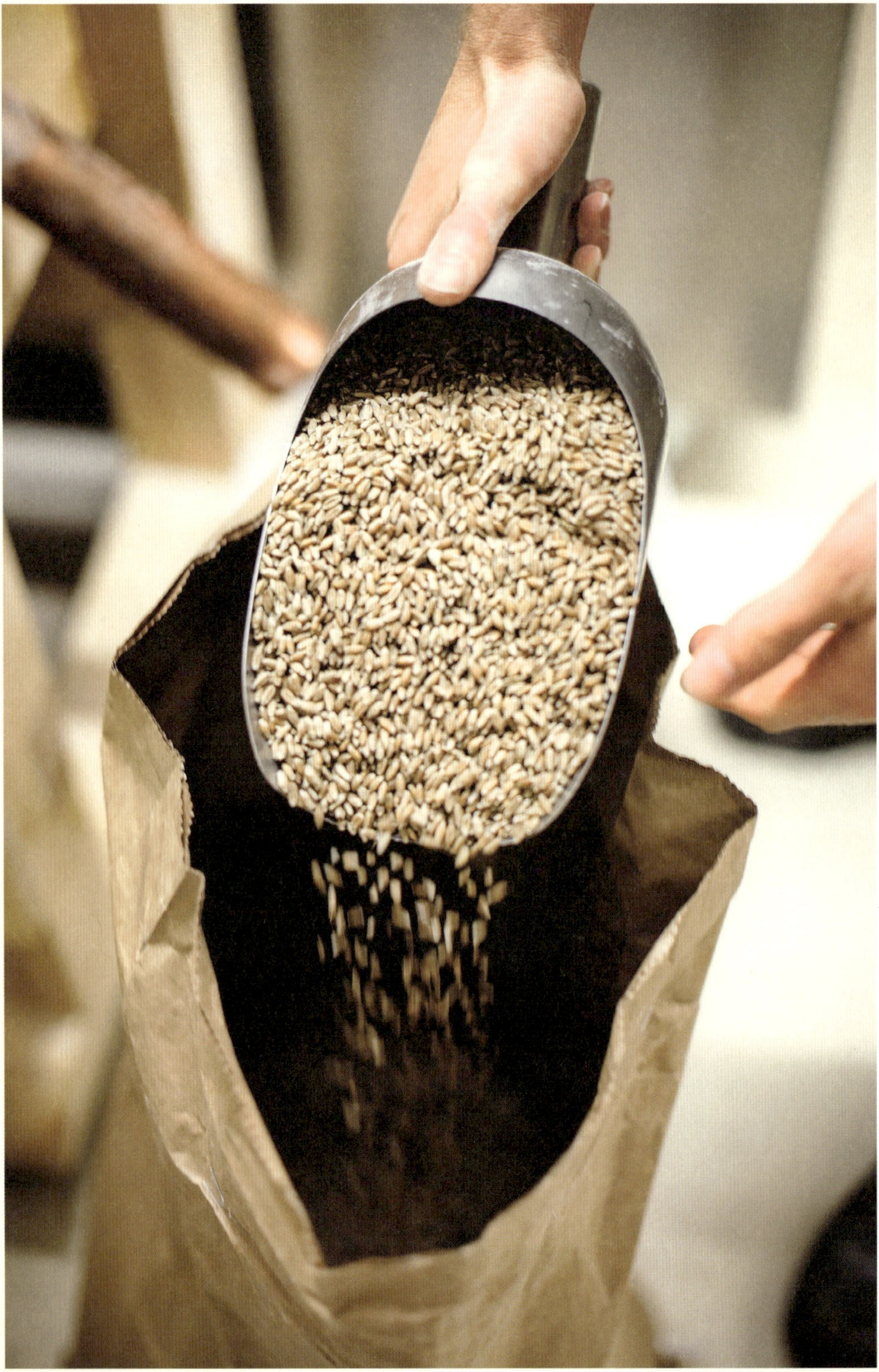

棚に並べられた玄麦のボックスにはひとつずつラベルが貼られ、窯はひとつ。その横にはシンプルな製粉機。大きな黒板には、人生や食にまつわる思想が文字やイラストで描かれている。

アメリカでは従来、外皮を最大限まで削ぎ落とし製粉した小麦粉を使い、大量の添加物を加えた日持ちする甘くて柔らかいパンが主流だった。しかしここはまったく違う。研究所で育てた小麦を自ら製粉機で粉にし、パンを焼く。しかも、全粒粉100％のパンしか焼かない。「未来の食と健康のために自国の農業を新しく変えたい。麦が本来持つ栄養を最大限にいかすため、麦の生産からパンづくりまでを一貫して研究しているよ。全粒粉100％にこだわるのは、ほかに焼いているところがないから。同じでは、やっている意味がないだろう？」。博士はそう笑う。食べ物に必要ない添加物をすべて排除するというフィロソフィーのもと大切にしているのは麦、水、酵母、塩という4つの原料からつくりだす純粋でシンプルな全粒粉100％のパンをつくること。まさに「クラフトベーカリー」の象徴のようなラボだ。製粉機で粉を挽いてくれたジョナサンは「粉を触った時のスムースさと大きさで粉の状態を判断するんだ。でもいちばん頼りにしているのは感覚だよ」と話す。粉はひんやりと冷たく、さらさら。モルト[※1]のような力強い麦だ。窯に入れたクロワッサンからぱちぱちとバターの音が聞こえる。まさかアメリカで全粒粉100％のクロワッサンに出会えるとは思わなかったので私たちも興奮した。層もしっかりと美しく、全粒粉らしい素朴さと香ばしさ、そして芳醇なバター感が一瞬で口の中に広がる。カンパーニュもみずみずしく湿り気のある、茶色とうす紫が混ざったようなやさしい色をしたクラム[※2]と、香ばしく焼きこまれたこげ茶色のクラスト[※3]。日本へ持ち帰ってもそのしっとり感は変わることがなかった。オーガニックが当たり前、自分たちで麦を育てて挽くのも、

※1 モルト：大麦

※2 クラム：パンの中側、柔らかい部分

※3 クラスト：パンを焼いた際の外側表面、焼き色部分

p016 _

その日その場で使う分だけ玄麦を挽く。もちろんラボで採れた麦

01 02 03 04

01 オストチロル社の巨大な製粉機。ふるいがついたタイプ 02 麦を製粉する様子 03 手で触りながら粉の状態をチェックする 04 全粒粉を使った種づくり

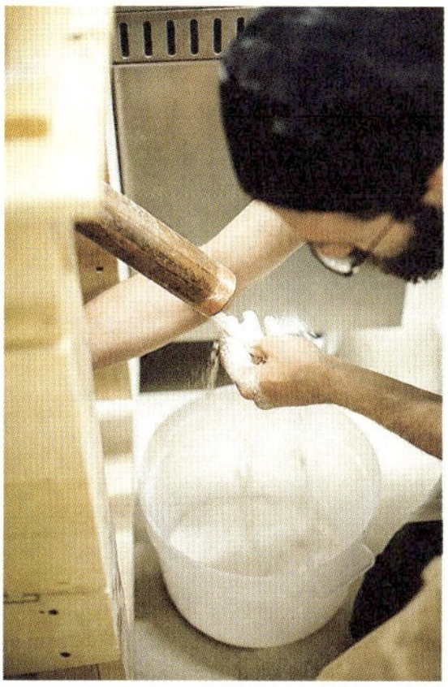

その麦でシンプルにパンを焼くのも自然の流れなのだ。ラボには「何をどう育てたらいいか、シェフやベイカーはどんな麦を求めているか」というつくり手のリアルな声が届けられる。毎年夏には「グレインギャザリング」と呼ばれるイベントが開かれ、パン職人や製粉業者、シェフ、ライター、そして科学者までもが参加して、哲学やこれからの活動について語り合うそうだ。「プロセス研究室」と呼ばれる部屋には巨大な木製の、オーストリア・オストチロル社製の製粉機があった。眺めるだけでうっとりするような製粉機で製粉した粉はそのままふるいにかけられ、分別されていく。「素晴らしい製粉機だよ。機能的なのはもちろん、遊び心があるのが好きでね。気に入っているパーツはこの小さなドア。鍵も付いているだろう？」と、スティーブ博士。

誇りを持ってラボを案内してくれた大きな手のやさしい目をした博士からは、この場所を愛してやまない気持ちが伝わってくる。ここは、麦を扱う人々が集まり、誰もが人生や食についての考えを巡らすことのできる、唯一無二のオープンなラボなのだ。

Information

ザ・ブレッド・ラボ

A_ Washington State University Bread Lab, 11768 Westar Lane, Unit E, Box 5, Burlington, WA, USA
H_ thebreadlab.wsu.edu

p019 _
「ブレッド・ラボ」専属で唯一のベイカー、ジョナサンさん。焼きあがったパンをとても愛おしそうに私たちに説明してくれた。対価としてのパンではないパンづくりをここでできて、とてもラッキーだと語る

THE BREAD LAB

№ 002 兵庫県

BÄCKEREI BIOBROT

命を養う“食事としてのパン”

「ベッカライ」はドイツ語で「パン屋」、「ビオブロート」は「オーガニックのパン」を意味する。

兵庫県芦屋市にある「ベッカライ・ビオブロート」は、店名の通り「オーガニックであること」にこだわって素材を選び、自家製粉した小麦全粒粉100%のパンを焼く日本でも稀有な店だ。小麦全粒粉と酵母、水、塩だけでつくるフォルコンブロートのような「命を養う“食事としてのパン”を焼きたい」と、店主の松崎太《ふとし》さん。パンの種類は13種。形違いを含めても18種と少ない。どのパンも安全で栄養価が高く、素朴でありながら洗練されている。店内で製粉した細挽きのフレッシュな全粒粉を使ったパンは、口溶けが良くみずみずしい。

「素材の力が大きい。パンがシンプルであればあるほど、小麦が味を決める」と松崎さん。麦は、厨房にある石臼で毎日必要な分だけを挽く。収穫年により変わる小麦の状態に反応できるよう感覚を研ぎ澄ます。

独立前に小麦を探した時、国産小麦は品質も生産量も不安定で、さらにオーガニックのものを安定的に入手できるところなどなかった。今までは北米産の玄麦を仕入れていたが、この夏、北海道の生産者・中川泰一さんの小麦畑に行き、価値観が変わったという。「畑がとにかく良かった。その小麦を使ってフォルコンブロートを焼きたい」と。日本でようやく、哲学を持ち信頼できる農家さんに出会えたのだ。今後は徐々に国産小麦の割合を増やしていきたいという。質の高い材料を選べる目と、選ぼうとする心が「ベッカライ・ビオブロート」のパンを支えていると思う。

松崎さんは大学卒業後、一般企業に就職。過度のストレスから「身体を使った仕事をしなくては駄目になる」と改めて自分と向き合い「ひとつのことを深く追求する生き方」をするために「身体を使った仕事であること」、

p020 _
「フォルコンブロート」はお店の核ともいえるパン。「本質を突いた骨太なものを長くつくり続けたい」という想いがある

オストチロル社の製粉機は分解できるシンプルな構造が魅力のクラッシックなもの。スイッチを入れ投入口に玄麦を入れると石臼が回転し、振動により麦が少しずつ石臼の上に落ちて製粉され、下から出てくる

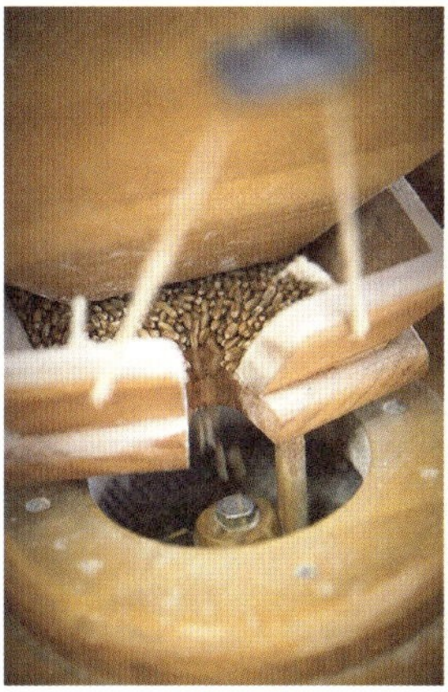

『アルチザン』というパン屋に向けた季刊の専門誌を、現在もドイツから取り寄せている。「根っこに戻ろう」という運動が2004年頃からはじまり、今のドイツは品質重視。自分のパンづくりが肯定されたようでとても嬉しいと話す

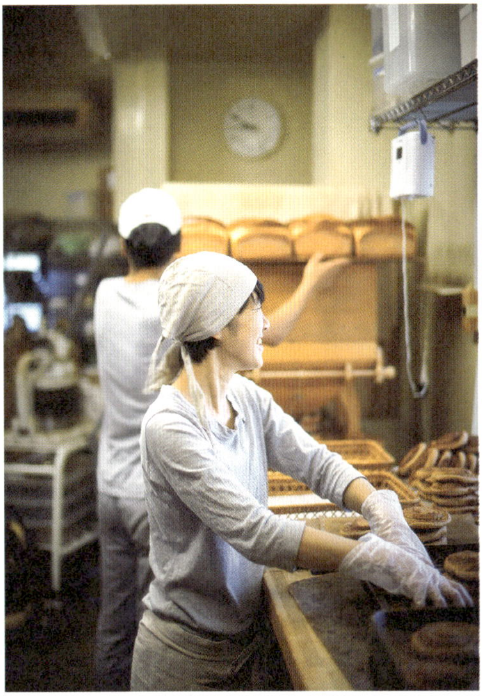

お花屋さんのゲゼレ(職人)である奥様とは、ドイツで出会い結婚。お店をオープンする時も後押しをしてくれた。松崎さんは「閉じられた空間でこそこそ作業したかった」と話すが、奥様に「お客さん的には見えたほうがいい」と言われ今の厨房に

その中でも「職人仕事であること」をしようと決めた。最終的に鍼灸師かパン職人で迷い、経済的な理由からパンの道を選ぶ。会社を辞め、23歳でパン職人として歩みはじめるが、製パン学校の試験に落ち、京都のパン屋さんで働いた。その後「理論がほしい」と基礎から徹底的に学べるマイスター制度※のあるドイツでの修業を決め、1997年夏にドイツへ出発。3か月の語学研修を経て、修業生活がスタートし、職業学校に通いながらパン屋さんで働く日々。2001年にマイスターとなり、2004年に帰国。7年の修業期間中、4店舗のパン屋さんで働いた。

松崎さんはすべてのパンをひとりで焼く。平日は夜中の3時から仕事をはじめ、9時までにパンをすべて焼き上げ、並行しながら翌日分の粉を製粉し生地を仕込み、昼前には仕事を終える。機能的な厨房ではいくつもの作業が美しく進み、動きに無駄がない。週休2日で、夏季冬季合わせて年に1ケ月の休暇を取る。労働時間は一般的なパン屋と比較して短いが、パンを焼く量は決して少なくない。短時間に集中して密度の高い仕事をするのだ。「今は好きなものを好きな時につくって、好きな時に休みを取ってコントロールして成り立つ。幸せだと思います」。ライフスタイルを含めて仕事の仕方を考えるということは、誰にとっても人生において大切なことだ。

松崎さんにとって、生きていく上でも欠かせないものがランニングと読書。仕事を終え、午後から喫茶店や自宅の書斎でひとりゆっくり本を読んだり、走る喜びを感じながらランニングしたりするのは至福の時間だ。パンはアイデンティティの一部で「パン職人です」と言えることが精神的安定になっているそう。「仕事がベースで、だから趣味も楽しめる」のだと。

「技術や知識は大切だけれど、目に見えない志も大切だと思う。幼い頃、スポーツフィギュアの中から、兄は重量挙げ、僕はボクサーを選んだ。何も器具を持っていなかったから選んだってことだけ、とても鮮明に覚えている」

「ベッカライ・ビオブロート」はシンプルにまっすぐ生きる松崎さんそのものだ。

Information

ベッカライ・ビオブロート

A_ 兵庫県芦屋市宮塚町14-14 1F T_ 0797-23-8923 O_ 木～月 9:00～18:30

※マイスター制度：中世から続くドイツの師弟制度。現在の「マイスター」は、ドイツの職人に与えられる国家資格でもあり、日本語でいう「親方」のこと。パン職人以外にも、様々な分野の仕事がある

店内にも厨房にも木のぬくもりがあるのが良い。唯一のサワー種のパン「ラントブロート」は、今まで小麦のみで焼いていたがライ麦入りに変え、形もナマコ形から円形に変えた。特有の酸味と豊かな風味がある

p025 _

小麦全粒粉100％でつくるクロワッサン。挽きたての全粒粉の香りの良さを最大限にいかした香ばしいクロワッサンだ

Wheat Talk

小麦を巡るこだわりトーク

The Bread Lab ブレッド・ラボ ☛ P. 012

Q.01 なぜ全粒粉100%のパンにこだわるのですか?

ここは小麦の研究室(ラボラトリー)であり、これからのパンの科学や技術を進化させていきたいと思っているからです。うまくつくるのは難しいですが、だからこそ、私たちは研究を重ねています。

Q.02 オストチロル社の製粉機を選んだ理由はなんですか。

オーストリアで150年以上も続く家族が繋いできた伝統技術でつくられているところを尊敬してやみません。機能的でありながら、遊び心もあるこの機械をとても愛してます。

Message: ブレッド・ラボ スティーブ博士から松崎さんへ

日本にはオーガニックの小麦が少ないと松崎さんが話されていますが、アメリカでもオーガニックの小麦は、現状とても少ないです。けれども、カムートやスペルトなども、オーガニックで入手することが可能です。健康に良いということはもちろんのこと、味の面でも全粒粉のパンを良くするための工夫を私たちはしていきたいのです。結局は味がすべてでもある。そこに添加物を使わずにチャンレジする。この誰もしてこなかったことを今「ブレッド・ラボ」では実践しています。それこそが、今後アメリカでも一般の人が求めていくべきものだと思ってもいます。

ちなみに私たちの「ブレッド・ラボ」には現在、9つの製粉機があります。ローラー式のもの、石臼・ハンマー式、スチール製のもの。てのひらに乗るような小さなものから、大きなオストチロル社のものまで。様々な製粉機で日々、実験をしています。オストチロル社の大きな製粉機では水平の石が500mm交差し、ふるいにかけるか、100%全粒粉にすることができます。こうして研究を重ねながら、未来の食と健康のために自国の農業を新しく変えていきたいと考えています。

「ブレッド・ラボ」のクロワッサンは全粒粉100%を感じさせない軽やかな口溶け。最後に舌先に力強い麦の香りが残る

パンの質を決める重要な素材である「麦」。
「ブレッド・ラボ」と「ベッカライ・ビオブロート」は規模も形態も全く異なる、ラボとパン店ですが、
自ら麦を挽き、その小麦全粒粉100%でクロワッサンを焼くという日米でも珍しい共通点がありました。
クロワッサンが繋いだ、麦に向き合うおふたりにお話を伺いました。

BÄCKEREI BIOBROT ベッカライ・ビオブロート ☛ P.020

2005年のオープン時から使用しているオストチロル社の製粉機。一度も故障したことはないと言う

Q.01 なぜ全粒粉100%のパンにこだわるのですか。

ドイツにてオーガニックパンの修業中に自家製粉と出会った当初は、粉を自分で挽くという行為にノスタルジックなイメージを抱いていただけでした。しかし麦を無駄なく使え、健康に良く、自ら小麦に働きかけられることが全粒粉100%のパンを焼く理由です。

Q.02 オストチロル社の製粉機を選んだ理由はなんですか。

これまで3軒の自家製粉をするパン屋で働き、それぞれ異なる製粉機を使ってきましたが、中でもオストチロル社のものが最もシンプルな構造で使いやすかったからです。

Message: ベッカライ・ビオブロート松崎さんからスティーブ博士へ

スティーブ博士からは「どんな基準で麦や粉を選んでいますか?」という質問をいただきましたが、日本ではオーガニックというだけで小麦の選択の余地はほとんどありません。良い年で数種類から、そうでなければ、唯一手に入ったものでパンを焼く。運良く選べる場合は、試験的に最もシンプルな配合でパンを焼き、製粉、ミキシング、発酵耐性などの製パン性、及び、パンのボリューム、味、香り、翌日の老化具合など、一通りチェックします。それでも最終的に選ぶ基準はやはり味と香り。この夏に、私はある有機農家の方と出会い、その小麦でパンを焼いて、何かが変わりそうな予感があります。「ふすま臭」はほとんどなく、甘くて力強い、これまでに経験したことのない独特の小麦。これをこれからどのように活かせるかとても楽しみです。

僕は修業時代をドイツで過ごしたので、ヨーロッパはともかく、アメリカの製パン事情については知らず、できればいつか「ブレッド・ラボ」へ行ってみたいです。スティーブ博士がどんな麦を使い、どのようなパンを焼いているのかとても興味があります。「ブレッド・ラボ」という名前からして革新的な取り組みをされている予感がします!

№ 003 神奈川県

三浦パン屋 充麦

はじめから自分の手でつくるという確かな手応え

01

02

01 自家栽培の麦をオーブンで焼き小麦茶にする。無農薬だからこそできる

　畑を横目に車を走らせた。素朴だけれどあたたかみを感じる外観のお店、遠くからでも可愛いパンがガラス越しに目に入る。どのパンを手に取ろう。そんなことを考えながら古いガラス戸を開けると、外から見ていた情景とは一変、思わず身体がリズムを刻みそうになるほどにヒップホップが鳴り響く店内。目をつぶっていたらレコード屋だと絶対に思ってしまう。

　神奈川県の三浦半島南部、豊かな土地と温暖な気候により農業が盛んなこの街の幹線道路沿いにある「充麦」は、DJでもある蔭山充洋さんがオーナーシェフを務めるお店。店内に一歩足を踏み入れただけで、誰もが店主の音楽好きに気づくようなパン屋にははじめて出会った。聞けば、彼にとってお店でパンを焼き、それをお客さんに届けることは全員でひとつのバンドとして毎日「ライブしている」イメージなのだそう。そして、その「バンド」と

いうフィルターを通してできたものは音楽もパンもじつは同じだと考えている。そう言われると外から見た光景に改めて納得させられる。お店の扉はすべてガラス戸、外からでも横一列に並ぶパンとその奥で働くスタッフ全員の仕草が見える。何ひとつこちら側から見えないものがないというのは、自分たちが見られている感覚を常に持つことが、良いパンを届ける大切な要素だと知っているからなのだろう。

工房を覗かせてもらっているとひとつのパンを指差し「このパンが出来上がるまでには一年間かかっているんだ」と一言。何気なく放ったこの言葉は誰が聞いても記憶に残るはずだ。「充麦」のパンづくりは小麦づくりからはじまっている。もちろんすべてのパンをまかなえるほどではないのだが、自分の手で小麦を育てているからこそ出る一言だ。原料を仕入れているだけのパン屋さん

03 04

03 存在感のある窯。売り場から厨房すべてを見ることができるので安心だ 04 溶けだしたチーズが香ばしい「全粒粉チーズ」。ハード系の生地とチーズの相性が抜群

であれば、パンを一年かけてつくるということに疑問が湧くところだが、小麦を育てているとなると長い時間が掛かっていることは確かにうなずける。

種をまき、無事に穂が実り、台風などの悪天候を乗り越えて収穫するまでには、植物が育つための時間が間違いなく必要になる。こうした一連の流れを聞くと、原料はお金を払って仕入れるものという感覚は、じつは普通ではないのではと思わせられる。原料は「原料」という名前がつく以前に自然の恵みであり、育て、収穫する人がいてこそ手に入るものであるという当たり前のこと。頭ではわかっていても日常の買い物や食事と結びつけることはできていない。それを自ら体感し続けてパンをつくっていくためにも蔭山さんは小麦を育てているのだろう。

そんなことをぐるぐる考えながら、いただいたパンをかじる。一緒にパンを食べながら「食べる時につくってくれた人のことが浮かぶ食べ物は人を幸せにするよね」と話した。誰々さんからいただいたトマト、誰々さんが釣った魚。パンがあまった時には、近くの農家さんにお裾分け。そういう

05 07
06

05 人気のあんぱん 06 ジューシーで生地の美味しいエピ。おすすめ 07 自家栽培の麦で全体の30%ほどをまかなう。どのパンも真っすぐな顔

ストーリーのあるものを口にする時、そこには必ず楽しい会話があり、ただの味の良し悪しだけではなく、口にする喜びが自然と広がる。人の繋がりと、素材からはじまる、彼の食の楽しみはまだまだ尽きないだろう。その証拠にお店には、彼の小麦でつくったビールが並ぶ。地元のブルワリーの友人が仕込んでくれたビールだそうだ。さらに近くの製麺所では、彼の小麦を使った生パスタもつくっている。

近い将来したいことは何かと尋ねると、お店で食事と音楽のイベントをやりたい、との答え。美味しいビールにパンと生パスタ。小麦から出発する食の旅はこれからもどんどん進んでいくのだろう。気づくとパンを食べていたのに、音楽に合わせて「グウ」とお腹が音を立てていた。

Information

三浦パン屋 充麦（ミツムギ）

A_ 神奈川県三浦市初声町入江54-2 T_ 046-854-5532
O_ 木〜月 7:00〜17:00 ※小麦種まき、収穫時は不定休 H_ mitsumugi.web.fc2.com

08
09

08 レトロな「焼きたて」看板 09 懐かしい店構え。店主の蔭山充洋さん

from wheat to table

充麦の小麦が
食卓に並ぶまで

「パン」の味を左右する、大切な素材である「小麦」。
小麦はどのように育てられ、どんな過程を経て、
美味しいパンになり、私たちに届くのか。
「三浦パン屋 充麦」の畑と厨房の様子を覗かせてもらった。

20

19

18

17

16

15

①種まきはこんな感じで線を引いて、
②「ごんべえ」という種まき機でライン引きのように押してまいていきます。
③④種をまいて2週間くらいすると芽が出てきます。
⑤⑥麦踏みや雑草取りを経て青く色づいて
⑦いざ収穫！
⑧刈り取って、⑨脱穀して、ゴミを取り除き
⑩-⑮製粉して⑲パンになって⑳振り出しに戻る。

【小麦からつくられる加工品】

小麦茶 600円
自家製無農薬小麦を焙煎。
煮出せば小麦の甘みのあるお茶に。

はちみつ 1,620円
小麦畑の端っこに巣箱を設置し、非加熱で、搾りたてをそのまま瓶詰め。咲いているお花が変わるため、採蜜した日付によって味や香りが異なる。

充麦 Wheat Beer (featuring ヨロッコビール) 800円
自分たちが育てた小麦を原料に使用したWheat Beer。
仕込み時期によって手法や味に変化を加えている。
年2回の醸造。

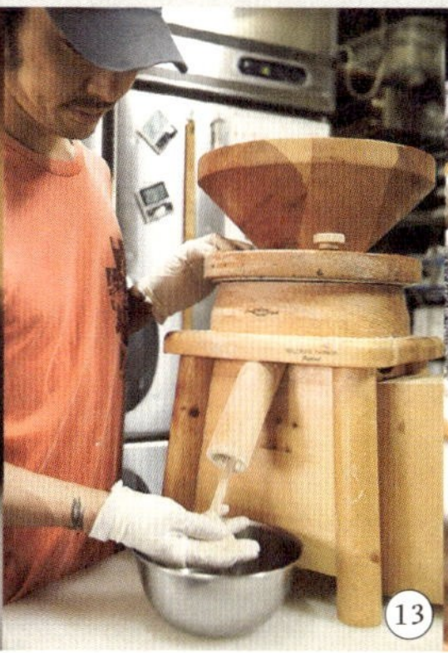

Relationship between Wheat & Bread

小麦とパンの深い関係

ふわふわのトーストも、ハード系パンも、みんな小麦からできている。
身近な存在なのに、意外と知らない……そんな、小麦とパンの関係について学んでみましょう。

Q.01
小麦さえ美味しければ、美味しいパンができる？

A.01
小麦の美味しさを引き出す、パン職人さんの腕も大切です。

パンは、ダイレクトに素材を味わうというより、発酵などによる小麦の変化を楽しむもの。同じ小麦を使っても、どんな発酵を行うかなどで味や香りが変わってきますし、同じく発酵食品であるビールやワインにはない「食感」という要素も付加されます。ゆえに小麦の特徴を熟知していて、その良さの引き出し方もわかっている腕の良いパン職人さんであれば、どんな小麦を使っても美味しいパンが焼けるということもあり得るのです。

近年は特に、パン職人さんによる素材へのリスペクトが高まっていると感じます。例えば小麦の個性からインスピレーションを受けて、新たなパンを生み出す職人さんも。素材そのものの味をいかした表現方法が、注目されているのです。

Q.02
外国産小麦と国産小麦の違いは？

A.02
外国産・国産に限らず土地の気候に合った品種が育っています。

例えばフランス産小麦にはコクとパワーがあり、国産小麦には土や草のような香りとみずみずしい甘さがあります。もちろん世界各地で生産される小麦にも、それぞれに個性が。そのような違いは、土地の自然環境から生まれます。日本でも全国で小麦がつくられていますが、産地により味に微妙な違いが現れているのも面白いところです。

世界中のご当地パンは、その土地でとれた小麦をどう美味しく食べるか考えて生まれたもの。例えばフランス産小麦からは、カリッとした皮のバゲットができます。国産小麦では、必ずしもそうはいきません。

日本は外国に見習ってパンをつくってきたので、自国の小麦をどう美味しく食べるか考えるという原点へ今、回帰しているように思います。

Q.03
新麦コレクション・新麦パーティって？

A.03
小麦の美味しさを追求することで、良い循環をもたらす会です。

僕が立ち上げた「新麦コレクション」は、その年にとれた小麦を製粉し、挽きたての美味しさを味わうプロジェクト。「新麦パーティ」で、食べる人も含めて小麦やパンに関わる人が集い、小麦の美味しさをみんなで追及します。

パーティでは、生産者さんが普段接することの少ない消費者から「美味しい」という感想を聞くことで、やりがいを感じてもらえたら、という想いもあります。そして良い仕事をしていただくことで経済的にも良い影響がもたらされたり、ひいては日本の農地を守ることにも繋がったりと、プラスの循環が生まれたらいいな、と思ってはじめました。小手先だけでは実現できない、自然が育んだ小麦の美味しさを、もっと多くの人に知ってもらいたいです。

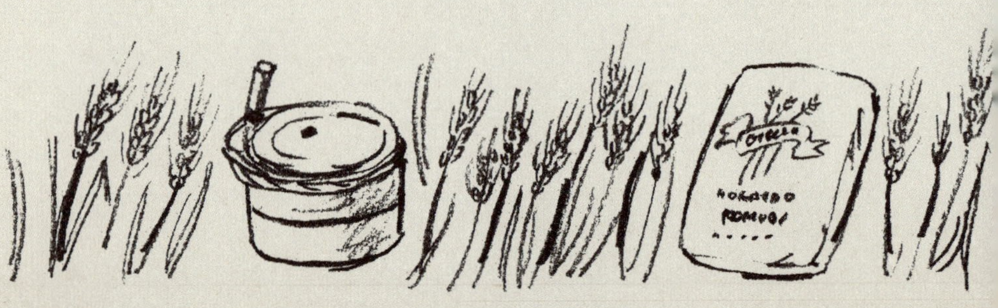

Hiroaki Ikeda

池田浩明／パンライター。パンの研究所「パンラボ」主宰。著書に『パンの雑誌』『サッカロマイセスセレビシエ』（ともにガイドワークス）、『人生で一度は食べたいサンドイッチ』（PHP研究所）など。panlabo.jugem.jp

Q.04
国産小麦の近年の変化とは?

A.04
海外からも注目される美味しい新品種が登場しています。

パンに向いているのはタンパク質が多く、水をきちんと吸って生地になる小麦。そういう意味で、少し前までパン向きの国産小麦はほぼありませんでした。国から割り当てられた小麦は、外国産小麦に混ぜて使うことも多かったのです。
「ハルユタカ」という北海道産の品種だけは歴史も長く、ハード系のパンには比較的向いていました。そこで製粉会社さんが「地元の小麦を盛り上げよう」とパン用小麦として売り出したところ、評判になったことがきっかけで、全国でパン用小麦の新品種が開発されはじめたのです。

最近では「キタノカオリ」という品種の独特の甘さ、そしてフルーツのようなフレーバーが、アメリカのベイカーに「輸入したい」と言われるほど話題になっています。

Q.05
小麦とパンの関係はどうなっていく?

A.05
地元の小麦を使った個性的な「ご当地パン」が日本を元気に?

以前と比べて近年は、国産小麦の流通がスムーズになってきています。希望的観測ではありますが、今後は地元の小麦の美味しさをいかした「小麦発信のご当地パン」が、今まで以上に盛り上がるのではないでしょうか。新麦コレクションでも、47都道府県のご当地パンをつくりたいというビジョンがあります。

以前、山梨県産小麦のパンとワインを一緒にいただいたことがありました。小麦にもワインにも独特のミネラル感があり、双方がよく合っていて感動したのを覚えています。産地が同じものには、どこか共通項があるのかもしれません。このように、美味しさを追及することで「地元のものだから食べる」に「美味しいから食べる」が加わり、長く続く活動になっていくと思います。

【まとめ】

小麦の美味しさは心の底から湧き上がるような感動を与えてくれます。

パンのライターとして今まで多くのパンを食べてきて、発酵や具材の組み合わせなどについても勉強してきましたが、最終的に行き着いたのが小麦でした。もちろん、パンにはそれ以外の要素も大事です。でも小麦の美味しさには、心の底から湧き上がるような感動があります。

新麦コレクションの目的は「小麦の美味しさを追及すること」と言いましたが、そうしなければ日本の農地も自然環境も守っていけないと思います。そんな中、おいしい小麦をつくろうと努力されている農家さんがたくさんいらっしゃることは、パン好きとして本当に嬉しいです。

プロフェッショナルがバトンを繋いで届けられるこの「パン」という贅沢なごちそうを、これからも楽しませていただきたいと思います。

№ 004 北海道

風土火水

パンは11種類。店名をつけたカンパーニュ「風土火水」、十勝小麦、ルヴァン種、塩のシンプルな素材でつくった「十勝」、子どもに食べてほしいとつくられた自然のミネラルたっぷりの黒糖パン「おやつパン(プレーンとレーズン)」など。十勝小麦と自家製酵母のパンを薪窯でじっくり焼く

未来を見つめてパンをつくる

北海道帯広市の住宅街を行くと、そこに現れる白を基調とした新しい建物。その一階に2015年7月にオープンしたばかりの「風土火水」がある。このお店は、十勝の農家さんとともに豆や小麦を育て、販売し、小麦粉を取り扱う製粉会社でもあるアグリシステム株式会社によって運営されている。パン屋さんに小麦粉を提供する製粉会社が､なぜ自らパン屋さんをはじめのだろうか。「まずはポストハーベスト(収穫後)農薬の問題。収穫後の作物に農薬が加えられている。残留農薬の危険性がある輸入小麦が使われたパンを子どもたちに食べさせたくはありません。そのためにも北海道産のオーガニック小麦を普及させたい」。そう話すのはアグリシステムの伊藤英拓《ひでひろ》さん。

伊藤さんが製粉事業に携わり、そこで感じたことは既存のパンや技術だけにとらわれず、その小麦の特性に合った新しい形のパンづくりができるのではないかという可能性だった。北海道の風土でつくられた小麦の特性を、その土地の人の感性で、そのポテンシャルを無理なく自然に引き出した北海道小麦のパンがあってもいいはず。それは、その土地で食べる人にとっても、より美味しく、吸収もよく、違和感がないものになりうる。風土火水が誕生するきっかけがそこにあった。

伊藤さんは「風土火水」をはじめた後も、引き続き全国のパン屋さんに北

01 02
03 04
05

01 02 シェフを務める中西宙生さん。ドイツ、フランスでの修業後に独立を考え、北海道の小麦畑の見学がきっかけで伊藤さんと出会い、悩んだ末に北海道に移住 03 04 日々、薪窯と対話しながら十勝小麦をいかしたパンをつくる 05 伊藤英拓さん

海道産小麦を伝え続けている。「顔の見えない生産者と使い手ではなく、尊重ある繋がりをつくっていきたい。そのためには直接会って、対話することが何より重要。生産者に会うと、みんな小麦に対する考え方が変わったと言ってくれます。大切に使おうと」。「風土火水」は、そうした尊重ある繋がりのいちばんの表現であり、実践を通して伝えていく場所でもある。そこで薪窯と日々向き合いながら、地元・十勝産小麦とオーガニック素材とシンプルな製法を心がけつくっているのは「自然に寄り添い、人と自然が喜ぶパン」だ。「まずは地元の子どもたちにオーガニック小麦のパンを食べてもらいたい。そしてその輪を日本に広げていきたい。健全な食べ物が健全な心を育んで、健康な身体をつくると思います」。そのために安全で健全な食べ物をつくり、つくれる環境を残していく。その子どもたちが将来の地域や国を元気にしていくことを願って。今は小さくても芯の部分をしっかり育てていく。いつかはわからない未来も、着実に足音を立て近づいている。

お店にはパンづくりに使われる十勝産オーガニック小麦が飾られている。厨房も含めて小麦の存在が不思議と身近に感じる空間。それぞれの小麦が美味しくいかせるパンを探求し続けている

Information

風土火水

A_ 北海道帯広市西10条南1-10-3 T_ 0155-67-7677
O_ 火〜土 10:00〜15:30 H_ fudokasui.jp

№ 005 東京都

空と麦と

八ヶ岳と南アルプスに囲まれた畑。トラクターの後ろには小麦の種がセットされていて、畑を行き来しながら、土を耕し、種をまいていく

この日、種まきした小麦は「ゆめあさひ」という品種。味と香りが良く、池田さんが最も長く使っている品種

“そこで育つ”小麦でつくる

「いいパンって何ですか?」。代官山「空と麦と」のオーナーでもある池田さよみさんがふとつぶやいた一言にハッとさせられた。池田さんが小麦を育てている山梨県北杜市を訪ねると、その日は小麦の種まきの日だった。

東京生まれ、東京育ちの池田さんが、山梨県北杜市で畑仕事をはじめたのは今から8年前。東京では、コンピューター関係の仕事に就いていたが、体調の変化をきっかけに、自身の食生活を見直すことに。「もっと自分の手で触れるものをつくりたいと思って」と、当時の想いを話す。

畑を借りたものの、農業の経験はゼロ。本を読みながら、独学で畑に向かった。「最初はまさに実験でした。色々な野菜の種を100種類くらいまいて、収穫して、食べて、の繰り返しでした。どんな野菜が、この畑に合っているかの実験ですね。最初は小麦ではなく野菜でした」。畑を借りて5年が経った頃、趣味のパンづくりがきっかけとなり、小麦栽培への興味が湧いてきた。今まで食べるだけだった野菜を自身で育てるようになったことが、その興味を後押しした。「この小麦はどこで育ったんだろう？」。自分でも小麦を育てられるかもしれない、と調査を開始。周囲からの反対もなんのその。着々と、小麦栽培へと動き出す。根っからの行動派、フットワークが軽い。

最初はひとつだった畑も、今では大小合わせ8つに。ゆめあさひ、ゆめかおり、ライ麦、スペルト小麦と、今では4品種の小麦を育てる。その中でもいちばん古い付き合いなのが、ゆめあさひ。すでに市場には流通していない

上から2ヶ月、5ヶ月、7ヵ月の麦。「風が冷たく強くなる時期に芽を出すので本当に健気で、毎年勇気をもらえます」と池田さんは言う

品種だ。農薬はもちろん、肥料も加えない。天気も空まかせ。自然のままに育て、その中で種を継いできた。

代官山にお店をオープンさせたのが、1年半前。「過去の自分と同じように、東京で忙しく働いている女性に、食べて元気になってほしい」と、お店について話す。自家栽培小麦でつくったパンへの「美味しい」の一言が励みになる。山梨と東京の移動は大変だが、小麦から育てるパン屋さんがもっと増えてほしい、という強い想いがある。

「小麦って、本来は日本全国でつくることができるんです。割と痩せた土地でも育つんですよ。けど海外からの輸入小麦が増えて、国産小麦の買取価格の問題もあって、農家さんは、小麦を育てても食べていけないんです」と教えてくれた。それでも池田さんは、食の安全性を大事にしたいと語る。

小麦の風味をとてもよく感じられる「パン・ド・ミ」。小麦、新小麦、全粒粉の「パン・ド・ミ」など、麦の種類に合わせて選べるのも楽しい。現在は使用する粉のおよそ30%まで池田さんたちが育てた麦を取り入れられるようになった

「パン屋さんが求めがちなのは、製パン性のいい小麦。つまり、吸水性や発酵状態がブレない、安定した小麦をついつい求め、利便性を優先してしまう。そうすると最終的に、農薬や肥料を使ってでも、安定した品質の小麦を、ということになり農家さんや畑に負担がかかってしまい、負の連鎖がはじまるんです。そうではない方向に、楽しみと感動を求めてほしい。あの挽きたての小麦の香りを楽しんでほしいです」

小麦は自然とともに育つ。安定しない・均一ではないことを受け入れ、それを理解することからすべてがはじまる。まるでワインのように、その年の小麦の香りや味、性格を楽しむ。それがパンづくりの醍醐味であり、パン職人の腕の見せどころなのだ。「小麦にブレがあるから、パンをつくれないのではなく、世界のどの地域に行っても、そこにある小麦でパンをつくるほうがいいですよね」と嬉しそうに話す池田さんが目指すのは、無理のないパンづくり。今日も、池田さんの手がそっと無理なく小麦を育て、パンをつくる。

自ら工房でパンづくりをしながら、時に店頭に立ちお客さんとのコミュニケーションも欠かさない。お客さんの「美味しかった」という言葉が何よりも励みになっているそう

Information

空と麦と

A_ 東京都渋谷区恵比寿西2-10-7 YKビル1階 T_ 03-6427-0158

O_ 火〜日 10:00〜19:00 ※火曜不定休 H_ www.soratomugito.com

№ 006 東京都

komorebi

「ホクシン」の石臼挽粉、スムレラを使用したバゲット。生産中止になったホクシンがパン職人の声を聞いて、一部で栽培してくれるようになった

小麦生産者へ想いを寄せて、パンを焼く

京王井の頭線の西永福駅北口の改札から歩くこと2分、やさしい香りが漂ってくる。そこに街のパン屋はある。オーナーの齊木俊雄さんは、2010年に奥様の久子さんと「コモレビ」をオープンしてからずっと素材となる北海道産の小麦にこだわってきた。「パンの美味しさには、僕たちの技術や想いはわずかに影響するだけで、ほとんどは素材の力によるもの。小麦が美味しいからこそ、パンが美味しくなるんです」。使用する北海道産の小麦は、本別町にある前田農産の「春よ恋」や芽室町のアグリシステム株式会社の「ホクシン」の石臼挽粉（スムレラ）など10種類以上。

北海道の麦畑を毎年訪れる度にその興味は高まっていくという。実際に生産者に会い、意見や情報の交換をする。いろんなシェフや生産者と想いを共有することで、小麦農家さんも気持ちをもって美味しい小麦を育ててくれる。「春よ恋」は日本人が好む美味しいお米の甘みを思わせ、食感はもっちり。大人から子どもまで親しんでくれる味。店のオープニングの準備段階で、はじめてスムレラを使ってバケットの生地を仕込んでみた。翌日焼いてみるとすごく良い色に焼き上がり、それを食べた瞬間「これはいける！」と思ったそうだ。フランスから「ヴィロン」が上陸した頃に、初めてバゲットレトロドールを食べた時のような衝撃を得たのだ。

国産小麦はパン職人に自由と可能性、そして挑戦し続ける機会を与えてくれた。それまでの外麦のパンづくりでは原料レベルで捉えられていた小麦から、どんなところで、どんな人がつくっているのか想像すらできなかった。近年国産小麦を使う職人たちは農作物として捉え、小麦という素材に真剣に向き合いはじめた。「多様な視点が加わることによって、より美味しく、良いパンが生まれていくと思うんです。例えば今までタンパク値中心の規格への疑問や追肥の必要性など、パン職人の声が生産者に伝わり、それに応えようとしている農家さんもいます。僕らは小麦を使ってパンをつくり、その対価としてお金をいただいています。そしてお客さんに喜んでもらうのを励み

「ホクシン」は生産性があまり良くなく、一時生産が終了し、北海道の畑から消えてしまった品種だったが、職人の声に応え再び生産されるようになった

に生活している。だからこそ小麦と、それを生産する農家さんと、自然に感謝しなければいけません。小麦に生かされている僕らは、それをいかす使命があります」。

小麦は元々乾燥している地域で栽培されてきた作物、しかし日本では四季により、気候が変化し雨も降れば雪も降る。こんなところで小麦をつくることがナンセンスなのかもしれない。夏の収穫時には雨のリスクも伴い、一刻を争う。「でもそんな環境や土壌で育つからこそ日本の小麦は美味しいんだと思います」。齊木さんには日本の美しい風景と農業や酪農、小麦づくりに関わる人々の営みを、後世に伝え守りたいという想いがある。しかしそれを取り巻く環境や状況、国の政策を変えることは難しい。日本の美味しい農作物やその営みが壊れてしまうことの危機感があるという。自分にできることは、美味しくて安心できるパンを提供すること。お客様に喜んでもらい、そのパンの背景を知ってもらいたい。そこではじめて「そのパンの美味しさは日本の小麦から作られていることに気づいてもらいたい」。

「最近では『十勝小麦ヌーヴォー』や『新麦コレクション』など、日本の小麦を盛り上げる活動も増えてきましたし、僕も今できることは精一杯やりたいんです」。齊木さん夫妻はそんな思いをもって、今日も パンを焼いている。

Information

コモレビ

A_ 東京都杉並区永福3-56-29 T_ 03-6379-1351
O_ 火〜日 10:30〜19:00(売切れ次第終了) ※木曜不定休

齊木さんが夏に北海道で撮影した小麦畑

№ 007 広島県

おへそカフェ&ベーカリー

いちばん人気のパン「UFO」。一般的にいう「カンパーニュ」だが、パンづくりをはじめた当初はパンの種類や名前もわからなかったというフランクさんが、その丸円盤のような形から「UFO」と名付けた

古民家を改装した趣のある厨房。漆喰や柿渋など昔ながらの自然素材を使っている。作業台の真ん中には寿司ネタケースが置かれ、ランチタイムにはピザの具が中に並ぶ。不思議な光景。ライ麦、スペルト小麦は玄麦で仕入れ、その都度使う分を挽く。自家栽培した小麦全粒粉でのサワー種のかけ継ぎは1日1回行う。ピザを焼くスペイン製の石窯は、「OHESO CAFÉ」の名前入り

どこにいてもシンプルに

　広島県世羅町の山奥に、築160年の古民家を自分たちで改装した「おへそカフェ＆ベーカリー」はある。朝はパン屋、昼はレストランとふたつの顔を持つ厨房の同店を切り盛りするのは、フランクさんと京子さん夫妻。故郷スペインでグラフィックデザイナーとして働いていたフランクさんは、イタリアで京子さんと出会いわずか3カ月で結婚。2010年2月に京子さんの実家がある世羅町で暮らしはじめ、翌年5月にはお店をオープン。何もかもが早い。きっと流れに乗るのがうまいのだ。
「日本に来た時、食べたいパンがなかったから自分でつくりはじめた」と話すフランクさん。パンづくりは独学。粉、塩、水のみでつくるパンは、シンプルでずっしり重い。酵母も小麦と水だけで自然発酵させる最も原始的な製法だ。食材はできる限りオーガニック素材にこだわり、フードマイレージが少なくなるよう厳選。粉は自家栽培無農薬小麦をはじめ、有機ライ麦、スペルト小麦などを使用し、パンづくりに使う水は、裏山から湧き出る天然水だ。
「毎年ヨーロッパでパン屋さん巡りをする。美味しいパンはシンプルだった」。試行錯誤しながら余計なものをそぎ落とし、パンに力を入れはじめたのは2年ほど前から。1番人気は「UFO」という大きなパンだ。パンに使うサワー種は、ヨーグルトのような香りとまろやかな酸味。この野生の菌の力を借り、丸1日以上じっくり発酵させた生地でできたパンは噛むたびに味わい深く、発酵食品仲間のチーズや熟成生ハムとの相性も抜群だ。

　はじめは軽食中心だったカフェは地域からの声を受け、徐々にメニューを増やした。看板メニューは石窯で焼き上げるピザ。ピザ生地もパンと同じく粉、塩、水だけで発酵させる伝統製法だ。

　地域に根差しながら、シンプルにつくり、シンプルに食べ、シンプルに生きる。自分はたくさんの繋がりの中で生かされているのだと実感できる。「おへそカフェ＆ベーカリー」はそんな場所だ。

カフェの前での集合写真は、左からスタッフの梅島さん、オーナー夫妻の京子さん、パコちゃん、フランクさん、スタッフの菊島さん。京子さんは毎日カフェで使う自家産・地元産の新鮮な野菜を持って出勤する。定番パンの「UFO」は、自家製の小麦全粒粉でつくったサワー種を使い、ライ麦全粒粉、小麦粉をまぜてつくる

Information

おへそカフェ&ベーカリー

A_ 広島県世羅郡世羅町宇津戸1155　T_ 0847-23-0678
O_ 金〜火 11:00〜17:00　H_ www.ohesocafe.com

№ 008 滋賀県

ディンケル小麦 大地堂

命を繋ぐ、古代麦のエネルギー

私たちが日々口にしている小麦の原生種は、はるか5千年前に誕生した。堅い殻をまとった無骨なフォルムに「これぞ、麦」という濃厚な香り。そんな原生種の特徴を現代に受け継ぐ「ディンケル小麦」の種をドイツから輸入し、国内で生産しているのが「大地堂」の廣瀬敬一郎さんだ。

農家として米や麦、大豆などを育てていた廣瀬さんが、ディンケル小麦と出会ったのは2002年のこと。かつてパンの勉強でヨーロッパに行っていた義理の妹さんから、この小麦の存在を教えられたのがきっかけだった。

「まだ日本で生産されていないし、農家としての強みにもなると思い、育てたいと考えました。でも、なかなか検疫が通過できない。本当に大変でしたが、ドイツの農家さんやマイスター、種屋さんが全面的にバックアップしてくれてようやく種の輸入が叶いました。ドイツで修業していた日本人のパン職人さんも『日本のディンケル小麦でパンをつくりたい』と言ってくれた。その情熱があるから、今でも皆さんは僕らの力になってくれます」

しかし検疫の壁を通っても、独学で育てはじめると失敗の連続。ドイツで育て方を学んだとしても、日本とは気候も土も違うため、思うようにはいかない。大雨に見舞われて、麦が全滅したこともある。失敗とテストを繰り返

「ディンケル」はドイツ語。英語では「スペルト」と呼ばれる。殻付き(左)で収穫されるため、
収穫時の体積が大きく、つくり手にとっては決して効率のいい作物ではない

し、ようやく出荷できる収穫量に恵まれたのは種の輸入から6年も経った頃だ。そこまで苦労して、廣瀬さんはなぜディンケル小麦を育て続けたのか。

「やっぱり味です。食べた時、国産小麦にはない力を感じた。これを日本で栽培したら、きっと日本人の口に合うパンができるという確信もありました」

不思議なもので、日本で育てたディンケル小麦のパンは和食によく合う。小麦の香りと、味噌や醤油などとの相性が抜群にいいのだ。「私は味噌汁につけて食べるのよ」と嬉しそうに話すご高齢の方もいらっしゃったという。

「もうひとつ、僕がディンケル小麦を育てるのには理由があります。それは、日本の農地を守るため。僕ら農家は、先人が後世に残してきた農地を預かっているんです。そして農地は食料を賄《まかな》うための国の中枢だから、なくすわけにはいかない。守る方法は個々が考えます。僕は、ディンケル小麦を選んだ」

古代から人が生きるために必要としていた小麦が、現代の日本でも人の命を繋いでいる。口にすれば、その満ち満ちとしたエネルギーが伝わるはずだ。

Information

大地堂

A_ 滋賀県蒲生郡日野町村井1377 T_ 0748-26-6090 O_ 粉はHPより予約・購入可能 H_ daichidou.com

ディンケル小麦の生産をはじめるタイミングで、その味をダイレクトに伝えるためにパン屋「大地堂」を開いた廣瀬さん。現在は麦の生産が忙しく休業中だが、代わりに全国のパン屋さんがディンケル小麦を使った美味しいパンをつくってくれている。こちらは東京・江古田の「パーラー江古田」オーナー、原田浩次さん作。

№ 009 Portland, OR, USA

Tabor bread

店に入るとその日のおすすめパンの中から試食を出してくれる

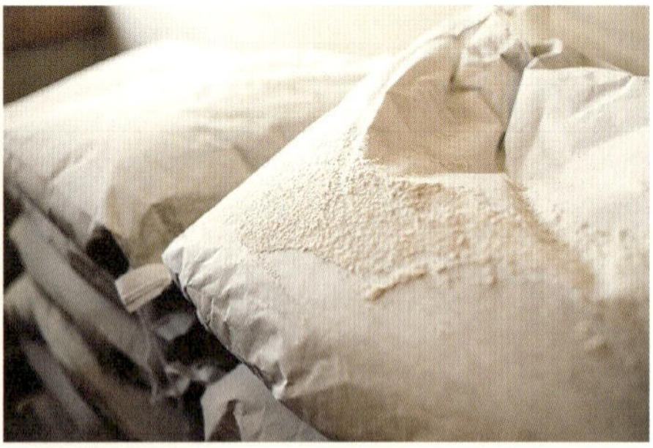

日々の活力を生む大きな薪窯

絵本に出てくるようなレンガづくりの外観。一歩足を踏み入れてみると、天井が高く開放的な空間が広がっていた。中でも一際目を引いたのが大きな薪窯。ここではすべてのパンを、この薪窯で焼き上げる。奥の工房へと向かう途中には、熱源である薪が積み上げられていた。

「この薪窯は3年前のオープン当初から使っているものよ。クラストに豊かな風味や程よい色付き、みずみずしい食感を与えてくれるの。それにアメリカ北西部は材木産業が盛んだから、薪は豊富で手に入りやすい。それを燃料にできることはとてもありがたいと思っているわ」そう話してくれたのはオーナーのティッサ・ステインさん。

工房の一角には、製粉室と思われる小部屋があり、そこには大人ひとり分の背丈に並ぶ立派な製粉機があった。パンに使用する麦は全8種類。中にははじめて聞く名の麦もある。赤冬麦、レッドファイフウィート、硬質小麦、軟質小麦、カムット、スペルト、セモリナ、そしてライ麦。それぞれの穀物が異なる味わいを出し、パンの質を高め、食べる人へ様々な食体験をもたらすのだそうだ。

製粉機はオーストリア製で、機能的なだけでなく、木製の美しい外観も魅力のひとつだという。製粉したての粉はとてもフレッシュで豊かな風味をパンに与えてくれる。近年日本でも製粉機を求めるシェフが増えてきているが、こうしたことが理由のひとつなのかもしれない。

ポートランドでは唯一自家製粉を行い、毎日製粉したてのフレッシュな粉を使用している。ここで取り扱っている粉は2ポンド（1ポンド＝およそ453g）から購入することもできる

この店のシンボルともいえる立派な薪窯。毎週日曜日は17〜21時限定でパン職人による自家製ピザが提供される。サワードウからつくられるピザ生地は絶品。その日のメニューは当日16時にアップデートされるのでお楽しみに

パン種にはライ麦と水のみでつくるサワードウを用い、毎日8種類、100〜200個ほどの大きなパンを焼き上げている。「ここのパンが良い状態で日持ちするのは、挽きたてで鮮度の良い全粒粉を使用しているからなの。生地の水分量が多いから、フレッシュな口当たりを表現することができるのよ」。確かに、購入した日から日本に持ち帰って5日以上経っていても生地はしっとりとしていて美味しかった。

質の良い食、特にシンプルで栄養のあるものに興味があったというティッサさんは、当時まだ誰も自家製粉した全粒粉のパンを薪窯でつくる人がいないことに気づき、ならば自分ではじめてしまおうと「テイバー・ブレッド」をはじめた。「地元の人へ美味しいものを提供すること、友達や家族と気軽に食べることができるあたたかい場所を持てたことを誇りに思っているわ。本当に毎日が充実しているの」。活力に満ち溢れる彼女だからこそ、人々を元気づけるパンをつくることができるのだろう。

ここで焼き上げられるパンはどれも穀物の力強い恵みを感じる。近くにいるだけで香ばしく、まろやかな酸味が鼻をつく。ぎっしりと粉の旨みが詰まった重みのあるパンには「日々の糧」という言葉がぴったりだ。

Information

テイバー・ブレッド

A_ 5051 SE Hawthorne Blvd, Portland, OR, USA T_ 971-279-5530
O_ 火〜金 7:00〜18:00、土日 8:00〜16:00、日 17:00〜21:00 H_ taborbread.com

CHAPTER 2

The Wonder of Fermentation

発酵の不思議

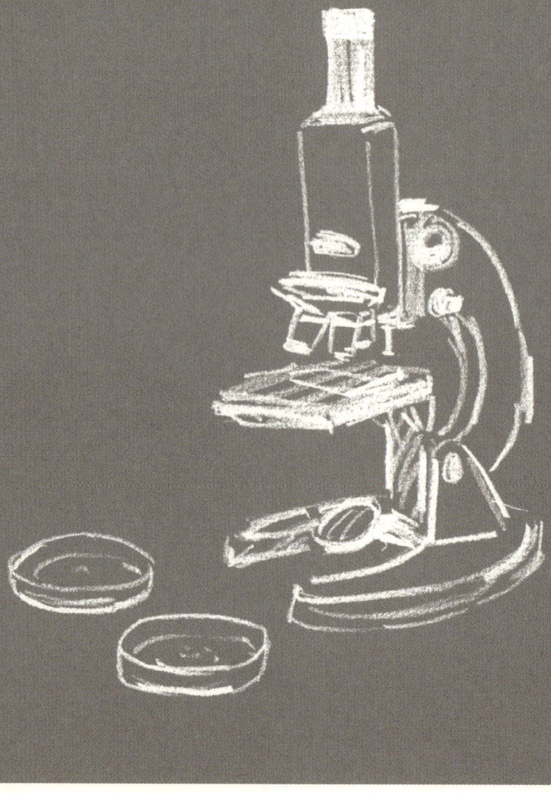

不思議だらけの目に見えない世界

目に見えない菌の力。微生物の力。良く言えば発酵。少し変われば腐敗。それは、表裏一体のもの。発酵という現象を通して、確かにそこで、菌が活動しているのだということを感じられる。私たちは菌の世界で生かされていて、私たちも発酵し続けている。日本人の食卓に欠かせない味噌、醤油、お漬物に納豆。それらも、日本古来の伝統的な発酵食品。間違いなく、私たち日本人をつくってきたものだ。そして、パンの味を決めるのも発酵。エジプトやギリシャでは、紀元前1800年にはもう既に、酵母の力を借りたパンが焼かれていたそうだ。一説によると、生地を焼き忘れて放置していたら自然発酵して膨らんだため、それを新しい生地に混ぜて焼いてみたら、ふんわりと美味しいパンになったとも。偶然の出会いから人類は「発酵」という大きな力の存在に気づき、やわらかい「パン」という大切な日々の糧を手に入れた。パンは現在も姿かたちを変えながら、全世界の食卓を支えている。菌を育み、生活に取り入れるということは、肉体の健康はもちろん、思想にさえも影響を及ぼしてきたのではないかと思う。ここには、先人たちの知恵と、果てしない可能性が秘められているに違いない。知れば知るほど奥深い。きりがない。だから、面白い。

WILD
RICE

№ 010　埼玉県

畑のコウボパン・タロー屋

常に季節の素材で起こした … 真はアメリカ・オレゴン州ポートラン

この日はポートランドのパン屋さんからもらった3種類の酵母を使ったパンを焼いてもらった。酵母が元気過ぎて、まんまるになってしまったのは「きのことアールグレイ酵母のコンプレ」。強烈な香り

季節を生地に練り込んで

何百軒ものパン屋へ行き、何千種類ものパンを食べてきたが「記憶に残り、思い出すと舌に味が蘇る」そんなパンは意外にも少ない。

埼玉県北浦和。住宅街の一角に一軒家の店を構える「畑のコウボパン タロー屋」。営業日は週に2日のみ。アクセスの良い場所でもない。それでも、ご近所さんはもちろん遠方から足を運ぶお客さんも多いのは、ここにしかないパンがあるからだ。

タロー屋のパンは、いわゆる普通のパンづくりとはまったく異なる発想から生まれる。例えば「トマト酵母のピザ」は「そこにトマトがあったから」誕生し「バラ酵母のフリュイ」は「友人からバラをもらったから」生まれたパンだ。タロー屋のパンはすべて「素材ありき」。季節の流れに沿って酵母を起こし、そこからパンが自然と生まれる。メニューの頭には必ず酵母の名前が入るのもそのためだ。

店主の橋口太郎さんは「パン屋さんになっちゃった」と、笑う。

太郎さんにとって、パンを焼くことは目標や目的ではなく「素材の持つ魅力を、酵母を通して表現する」手段にすぎない。幼いころから畑ととも

まだみんなが寝ている深夜、太郎さんの一日ははじまる。「普段はラジオの演歌を聴きながらひとり黙々とさみしく作業するんですよ」と、笑った

に育った太郎さんは、果樹を見ていて酵母を起こしてみようと思ったのだという。

「フルーツについている菌を水に混ぜるだけで、酵母が本当に起こせるのか？」そんな素朴な疑問からすべてがはじまった。自分の目で確かめるため、最初は枇杷《びわ》から酵母を起こし、そこからは柿やラズベリー、柚子や林檎などの果樹はもちろん、トマトやビーツなどの野菜、ご近所さんから分けてもらったしゃくなげや金木犀の花などあらゆるものから酵母を起こした。酵母の瓶に囲まれた部屋で、今までに100種類以上の素材から酵母を起こしたというから驚く。元気な酵母の姿を見ると、とても嬉しかったという。こうして太郎さんは刻一刻と変化し続ける酵母の世界に魅せられていく。

パン屋をはじめたのは2006年。それまではインテリアデザインの仕事をしていたという太郎さんだが、目に見えない酵母のはたらきを目にした時「子どもの頃の野性的な感覚が蘇って嬉しかった」と言う。はじめはジュースやスープに使いながら季節の香りを楽しんでいたが、やがていちばんリアリティの持てる手段としてパンづくりをはじめた。独自にパンづくりを学び、畑

窓際に並ぶ美しい酵母の瓶は眺めているだけで華やか。季節を映し出す酵母は芸術的でもある

の素材で起こした酵母からのインスピレーションをもとに直感的にパンを焼く日々。

フルーツにもやりやすいものとやりにくいものがあるし、水分が多いものはピューレ状にして使うこともある。素材の特徴に合わせて、酵母をどう使い、どんな素材と組み合わせるのか相性を想像しながらすり合わせていくという。「酵母のもつ風味と香りは邪魔させたくない」と、素材由来の味を大切にする。太郎さんのつくる繊細なパンは、私たちの五感を刺激する。原体験を呼び起こす。タロー屋のパンを食べると懐かしい気持ちになるのはそのためだろうか。だから、決してふわふわではないパンを、近所のおばあちゃんが毎週楽しみに買いに来るのだろう。

タロー屋のみなさんが口をそろえておススメだと言う酵母がある。八重桜の花と若葉からつくる春の酵母だ。芽吹き立てのやわらかい若葉を摘んでつくるこの酵母、特別、香りが豊かだという。日本を代表するこの香りさえも、太郎さんはパンに美味しく閉じ込める。「すりつぶし苺酵母の角食」も食べてみてほしい。一見ただの角食パン。けれど、一口食べると苺の香りが口いっぱいに広がる。生地に果実は見当たらないのに、香りは苺そのもの。噛むたびに、真っ赤な苺を夢中で採った記憶が不思議と蘇る。

Information

畑のコウボパン・タロー屋

A_ 埼玉県さいたま市浦和区大東2-15-1 T_ 048-886-0910 O_ 木・土 10:00〜(売り切れ次第終了)
H_ www.taroya.com

*p065_*
このミニトマトは夏には元気の良い酵母と、ピザに変身する。畑は美味しいパンの素材の宝庫であり、娘さんの遊び場でもある。畑の長は、太郎さんのお父さん。愛情を込めてつくられた野菜や果樹がパンを育てる酵母のもとになる

Yeast Exchange

酵母の交換プロジェクト

TARO-YA 畑のコウボパン・タロー屋 ☛ P. 060

wild rice
ワイルドライス酵母の
五穀パン

candy cap mashroom & earlgrey
きのことアールグレイ酵母の
コンプレ

rhubarb
ルバーブ酵母の
イングリッシュマフィン

Q. 太郎さんはどんなものから自家製酵母をつくっている?

りんごや柑橘類などベーシックな果物はもちろん、春は苺、しゃくなげ、八重桜。夏はレモン、梅、ラベンダー、トマト、ミント、カモミール。秋はプルーン、いちじく、桃、巨峰、柿、金木犀。冬はカリン、バラ、柚子酵母のシュトレンも焼きます。素材の味をいかしながら、季節の流れにまかせたパンづくりを楽しんでいます。

Report: リトル・ティー・アメリカン・ベイカーから贈られた酵母について

“きのことアールグレイの組み合わせに驚きました!”

日本ではあまりみかけないちょっと“派手な酵母”たちがポートランドから「畑のコウボパン・タロー屋」へとやってきた。できあがったのは「ルバーブ酵母のイングリッシュマフィン」「きのことアールグレイ酵母のコンプレ」「ワイルドライス酵母の五穀パン」という3作品。真夜中の工房で生まれたこの日限りの特別なパンたち!ワイルドライスの酵母はもっともおとなしかったので少し心配したが、太郎さんのおかげで息を吹き返し、食パン型の「五穀のパン」へと見事に変身してくれた。キヌア、胡麻に加え、パフ加工してある大豆、大麦、玄米が入った食感が豊かなパンだ。

ルバーブの酵母はもっとも目をひく。鮮やかなピンクのその酵母は、眺めているだけで私たちの心をわくわくさせた。「リトル・ティー・アメリカン・ベイカー」のルバーブ酵母に、タロー屋の畑のルバーブを加えて酵母が完成し、イングリッシュマフィンとなった。香ばしい粗挽きのコーングリッツともっちりとした生地。じわじわとルバーブのやわらかな酸味とほのかな甘みが口の中に広がる。華やかで特別なイングリッシュマフィン。キャンディキャップマッシュルームとアールグレイの酵母は、とても元気で個性的だった。その香りは、いちど嗅ぐと鼻からなかなか消えていかない強烈さを持っていた。

アメリカでは珍しい自家製酵母が届けられた。上からキャンディキャップマッシュルームとアールグレイの酵母、ワイルドライスの酵母、そしてはっとするような鮮やかな色彩のルバーブ酵母

「世界を酵母で繋いでみたい！」。そんな想いからはじまった酵母の交換プロジェクト。
埼玉県北浦和「畑のコウボパン・タロー屋」の店主・太郎さんと、
ポートランドの「リトル・ティー・アメリカン・ベイカー」のオーナーシェフのティムさん、
トップベイカーのディロンさんがお互いの酵母を使ってパンを焼いてくれた。
酵母は国境・言語・人種を越え、美味しいパンとなって私たちの想いを繋いでくれる。

Little T American Baker リトル・ティー・アメリカン・ベイカー

☛ P. 148

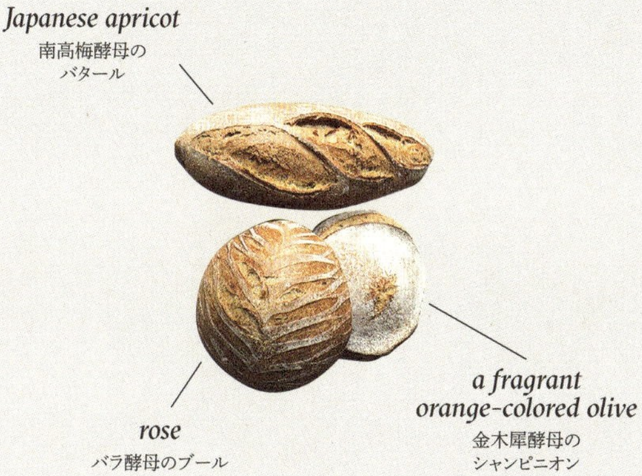

日本のタロー屋からやってきた3種の自家製酵母。「リトル・ティー・アメリカン・ベイカー」のティムさんは大喜び！ベイカーのディロンさんはこの酵母でみごとに素敵なパンを焼き上げてくれた

Q. ティムさんはどんなものから自家製酵母をつくっている？

これまでにアメリカ産ワイルドライス、ルバーブ、ぶどうなどから酵母を起こしました。今回贈ったキャンディーキャップマッシュルームは甘くて早く酵母ができやすいから、パンにとても良い風味を与えてくれはず。自家製酵母をパン使うことは、とても良い風味をもたらしてくれるからこそ、楽しい。実際にそれを焼くまでどうなるかわからないからこそ、僕たちパン職人はその実験をとても楽しんでいます。

Report: タロー屋から贈られた酵母について

“バラの酵母の香りが、じつに最高だったよ！”

埼玉県北浦和の「タロー屋」からは3種の酵母が旅だった。太郎さんが選んだのは、日本らしい南高梅酵母、アメリカになさそうなものとしては金木犀を。そして「リトル・ティー・アメリカン・ベイカー」のある街ポートランドには全米最古のバラ園があり、バラの街として有名ということを由縁として、とっておきのバラ酵母を選んでくれた。そうしてアメリカの地で完成したのは「南高梅酵母のバタール」「金木犀酵母のシャンピニオン」「バラ酵母のブール」という未だかつて見たことのないコラボレーションだった。

アメリカでは非常に珍しく、自家製酵母をおこしているオーナーシェフのティムさん、今回の酵母エクスチェンジ企画にもとても興味を持ってくれていた。ベイカーのディロンさんによるパンの完成後は「特にお気に入りはバラ酵母のブールだよ！！香りが素晴らしかった！Amazing!!!」と興奮気味！そんなスペシャルなブールは、スライスするだけでバラの甘い香りがふわりと漂う。口に運び、噛むと鼻から香りが爽やかにぬけていく。味も香りもしっかりとバラ。なんだか身体の中からいいにおいになれそうな乙女なパンが、日本とアメリカを美しく繋いだ瞬間だった。

№ 011 神奈川県

PARADISE ALLEY BREAD & CO.

カラフルでアートな工房の外壁。隣はヨロッコビールの醸造所。市場内の店舗でもヨロッコビールを味わえる

人類、みな菌類

観光客が集う鎌倉駅から5分ほど、地元では「レンバイ」と呼ばれる場所がある。農家さんが野菜や果物を売りに来る直売所「農協連即売所」だ。「パラダイスアレイ」はこの地元感溢れる場所の一角にお店を構えている。

まるで日本ではないような外観。中の壁には一面絵が描かれ、その前にある大きな机で何人かが飲み食いできるようになっている。パン屋さんというよりもパンも買える溜まり場。オーナーの勝見淳平さん自身もお店を休憩所と呼んでいたそうだが、僕からすると居心地がよい秘密基地のような場所だ。

語弊があるかもしれないが、のらりくらりと暮らしているように見える淳平さん。一昔前ならいわゆるヒッピーと呼ばれるような雰囲気。一見すると、何かに情熱を傾けることが少なそうに見える彼が、なぜパンに情熱を持ち、飽きずにお店を続けられているのか。

「やりたいことをし続けたいと思っているんだ」と言った。幼少期に料理上手な母親に教えてもらい、なんとなくできるようになったパンづくりだが、今も続けているのは、そのパンづくりに大きな影響を与える転機が訪れたからだ。それがパンづくりと淳平さんのやりたいことを結びつけるきっかけとなった。

01
02

01 パンのデザイン文字をスケッチ中 02 大きな生地を力強く捏《こ》ねる。躍動的

p071 _
03 04
05 06

03 平らにした生地の中身をくり抜く 04 この日は天草に送る「天草パン」をつくっていた 05 焼きあがったパンに粉で模様を描くのは「パラダイスアレイ」の特徴 06 酵母のお引っ越し中。壺は友人が焼いたもの

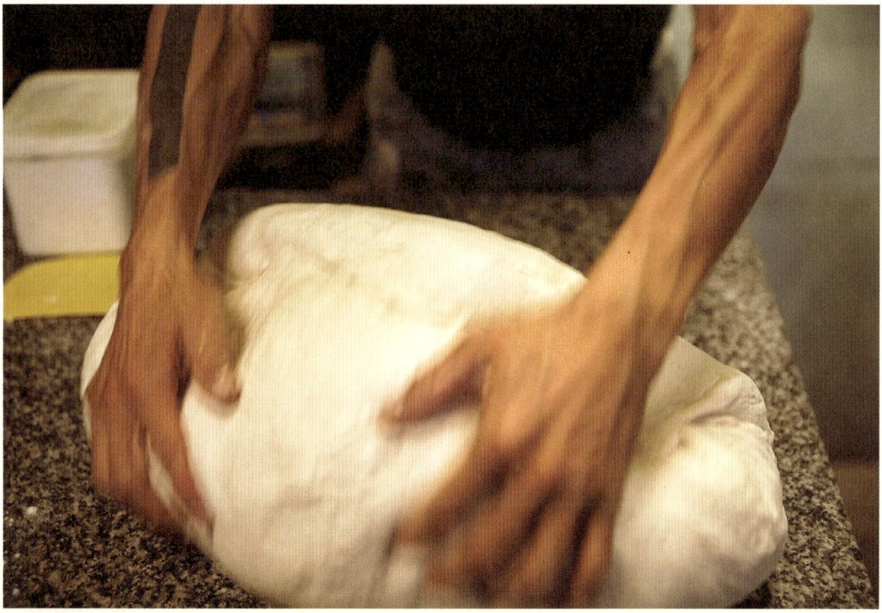

CHAPTER 2 | **The Wonder of Fermentation** | PARADISE ALLEY BREAD & CO.

その転機とは、今までは手をつけてこなかった酵母づくりに子どもができたタイミングで着手したことだ。なぜそのタイミングなのかはわからないが、その時に感じたことを「女性は命を宿し生み出す存在だが、男性は女性のように『命が宿った』という、その実感が湧きにくい」と話した。おそらくこれを直感的に感じ、導かれるように酵母を育てはじめたのだろう。

生きている命に手を加え酵母として培養する。それを発酵させ、パンをつくる。そのサイクルを繰り返していくことで「自分も発酵している」という感覚が生まれたという。人間の発酵も酵母のそれと同様に暮らしの中にあるはず。「培養」、それは自分に置き換えると、食べたり、寝たりすること。培養の中で生まれる「刺激、妄想、考え」を巡らせると発酵していく。発酵と培養は、生きとし生けるものや移りゆくものに共通して起こることという考えに辿りついたのだ。自分自身は培養され、発酵していく菌の集合体、その人間という菌が集まる地球も発酵し、その天体を囲む宇宙自体も発酵し続ける。

「宇宙も酵母も人も、みんな発酵している」。酵母が成長するのも、宇宙が広がるのも、勝見淳平という生物が酵母を育てるのも、すべて発酵。彼の発酵は、周囲のものや人々の発酵と繋がることでさらに広がる。そうした目には見えない繋がりも発酵であると思えたのは「腐れ縁」という言葉から。「あぁ、縁も腐るんだ。腐るならば発酵しているということだ。人の行動も縁も発酵するものなんだなぁ」。

大きなパンに大きな絵が描かれた彼のパン。このパンには淳平さんの考えが、遊ぶように表現されている。一度見たら記憶に残る彼の遊びと遊び場を、ぜひ体感しにいってほしい。きっとパンとサラダをさっと出し、何も言わずに向かいに座る。そんな彼とも会えるはずだ。

Information

パラダイス アレイ ブレッドカンパニー

A_ 神奈川県鎌倉市小町1-13-10 O_ 不定休 8:00～夕方

H_ cafecactus5139.com

p072_

丁寧に粉を降り絵や文字を描いていく。パンというよりアート作品をつくる作業だ

07

08

07 焼きあがった「天草パン」。芸術的 08 地球暦の説明中。地球暦カレンダーはパラダイスアレイでも販売中

№ 012 沖縄県

宗像堂

エネルギーが集まる場づくり

ぱちぱちと音を立て燃える炎。時折、バチッと薪が動く。力強くてやわらかい炎を眺めていると不思議と落ち着く。琉球杉が燃える香りも心地よい。火を操るのは、宗像誉支夫《よしお》さん。大きさも太さも様々な、熱源としては扱いにくい不揃いの自然木を使い石窯でパンを焼く。炎の長さの蓄積が窯のコンディションになるため、状況判断が欠かせない。頼れるのは経験に基づく勘だけ。「火や炎というのはシンプルにすごい。見ていて飽きない」。刻々と変化する不安定な状況さえ楽しんでいるように見える。

窯と炎だけでなく、「宗像堂」はエネルギーで溢れている。地下には高電位に処理した炭が埋められ、土地の地脈や地場を整える。人を中心にエネルギーが上がって広がっていくイメージで空間自体を設計したそうだ。これで材料の保存状態が格段に良くなったという。

数年前の改装でさらに新しい力が加わる。「宗像堂を展示する」というテーマでつくられた現店舗は、旧宗像堂の歴史が随所に散りばめられ、いかされたつくり。お客さんは厨房の様子を間近で感じ、楽しみながらパンを選べる。「白い四角の上に宗像堂が乗っかって、全部見えちゃう感じ」と宗像さん。エネルギーに満ちたパンづくりは、土地や空間をつくるところからはじまっているのだ。

「時間をかけて“場”自体をつくる」。これは土地だけでなく、酵母にもいえる。「酵母は集団。出入り自由のかけ継ぐコミュニティ。酵母と会話して要求を感じ取って、酵母が心地よい環境づくりを考える」。感覚と心を開いて酵母に向き合う。色々な気質・性格の酵母でよいハーモニーを

*p074_*
スーパームーンの翌日だったこの日、いつもより大きくて明るい月の光と、燃える炎がとても幻想的な夜だった。窯の高さで煙が美しく分かれた「上澄みの層」は、まるで宇宙みたいだ

19時から火入れをし、23時頃まで燃やす。翌朝必要な熱の7割を蓄熱したら、一度火を消し、再び朝4時に火入れし微調整。焼成は7時頃から。昔は一晩中燃やし続けていたが、窯の性能が良くなり、このサイクルに。「冬場はここに椅子を置いて居眠りすると極楽」と笑う

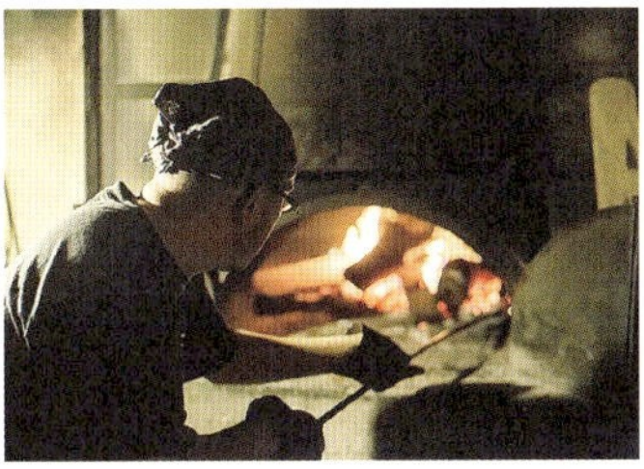

パンと向かい合う宗像さんの姿は、武術をしている人のよう。独特のリズムでバゲットをつくる。窯のサイズに合わせてつくったスリップピールや、年季の入った木製のホイロ、頂き物の羽毛枕用の布でつくったパン生地を寝かす布など、手づくりの道具がたくさん

やんばる島豚のソーセージベーグルロールは、ご縁のある方の育てた豚のソーセージ。素材も背景に何かを感じるものを選ぶ。宗像堂のシンボルでもある手づくりの窯は現在5代目。その姿から「海亀窯」の愛称を持つ。試行錯誤の末辿り着いた4層構造だ

つくり出さないと、奥行と広がりが出ないという。「長くつくられるもの」の基盤となる「場づくり」を宗像さんは大切にする。純粋培養していない酵母は、必ずほかの菌たちとセットでお互い影響し合って存在するそう。人間みたいだ。

福島県出身の宗像さんは、大学院で微生物を研究するため、1995年に沖縄へ。ある時友人に誘われ、お坊さんのパン教室に参加した。当時はひとつの経験に過ぎなかったが、もう一度パンを焼いてみたらまるで印象が変わり、とても美味しかった。徐々に回数が増え、気づけばパンの世界にのめり込んでいた。以前は陶芸をしていたこともあり「形をつくって焼くこと」には縁があった。微生物の研究から陶芸へ。土から麦と微生物の世界へ、経験が凝縮されていく。「僕は『パンをつくっている』って感覚はあまりない。いろんな要素がたまたま形になって生まれているのがパン。シンプルで奥深いから、面白いし、続けられる」。宗像さんには、何をするにも、中心に根太い感覚が横たわっている。それは、自宅出産に立ち会った時の忘れられない経験から生まれたもの。「まるで時間と空間とエネルギーが全部一緒になって溶け合ったようでした。この気持ちよさを、今も追いかけ続けている」。宗像堂をオープンして12年。今日も宗像さんは自分の感覚にどこまでも貪欲に向き合い続けている。

Information

宗像堂

A_ 沖縄県宜野湾市嘉数1-20-2 T_ 098-898-1529
O_ 木〜火 10:00〜18:00 H_ munakatado.com

01 02
03 04

01 02 テラス席では自由にパンやドリンクを楽しめる。緑の中で美味しいパンを食べ、手製のブランコで遊びゆっくり過ごしてみてほしい。心も身体もパワーが満ちてくるはず
04 宗像みかさん（左）と宗像誉支夫さん（右）入口すぐの壁にも前の店舗のおもかげが残る

p079 _

開店前、焼き立てのパンが続々とラックに並ぶ。どのパンも個性的で力強い。現在、パンは全部で60種ほど

№ 013 鳥取県

TALMARY

目の前にそびえ立つ那岐山から流れてくる水は透き通っていて美しい。タルマーリーはこの大自然を存分にいかし循環の中でパンを焼く。酒種のための麹菌も自家採取する。林業との繋がりを意識したいという想いから薪窯をつくった。この石窯ではピザとピタを焼く

地域の循環の中で生きる

鳥取県智頭町《ちづちょう》。大自然に囲まれた元保育園に「タルマーリー」がやって来た。2008年に千葉県いすみ市に渡邉格《いたる》さん、麻里子さん夫妻がオープンした「タルマーリー」は、岡山県真庭市の店舗を経て、2015年6月、智頭町に移転。順風満帆に見えたが、実は苦労の連続だった。「ビール工場をやろうと思って、勢いで岡山のお店を閉めたけどダメになっちゃって。八方塞がりの時に智頭町からお話を頂いた。この場所を見せてもらったら一目で気に入りました。ここには夢がつまっています」と格さん。目の前に広がる雄大な景色。深呼吸するだけで身体の内側から浄化されそうな場所だ。何より、水が綺麗。これは、パンにもビールにも最高の条件といえる。

「タルマーリー」は、素材が持つ力を最大限にいかしてパンをつくる。里山からの地域の天然菌、那岐山《なぎさん》の天然水、自然栽培の原料。「菌を全部空中から採取するのがコンセプト」で、今は7種類ほどの酵母を使い分けている。

大好きなビールづくりにも取り組みはじめた(ビール工場はまもなく完成予定)。発酵力の弱いビール酵母だが、他の酵母と組み合わせ補完的に使うことでパンが格段に面白くなるのだとか。今は、ビール酵母だからこそできる冷温長時間発酵を探求中。これからの「タルマーリー」の主力になりそうだ。

格さんは、高校卒業後フリーターだった。両親の仕事の都合で、22歳の時にハンガリーに留学。帰国後猛勉強の末、千葉大学の農学部に入学した。その後、サラリーマンになったがうまくいかずに悩んでいた時、おじいちゃ

01 02
03 04
05

01「発酵と地域内循環のイラスト」は、現在の「タルマーリー」の姿をうまく表している *05* これから力を入れていきたいというビール酵母。麦芽とホップ、水だけでつくる

んが夢に出てきて「パンをやったらいいんじゃない」とお告げをしてくれたという。これがきっかけで、パン屋さんで働きはじめ、パン職人の道を歩み出す。人生何が起きるかわからない。

格さんにとって「パンは表現のひとつ」にすぎない。納得のいくパンが焼けないと、パンが店頭に並ばない日もある。今は実験期間で、来年からはパンも正式にデビューさせ25種程度に決める予定。毎日、挑戦と失敗の繰り返しだ。「果敢に攻めてした失敗は、必ず新たなものに繋がる。失敗した生地も捨てずに保管し、どうにかして使ってやろう！って」。失敗してもとても楽しそうだ。「今までは自分たちの力でやってきた。でもここに来て変わった。お世話になった智頭町民のために、やわらかいパンを焼きたい」と、超加水のパンを研究中だという。水分は最低でも粉に対して75%。流れるようなどろどろの生地には恩返しの気持ちが込められている。

パンづくりというストイックな基盤の上に、皮肉と笑いを忘れずに「タルマーリー」は変わり続ける。「もうここで一生いきますね」と、まだまだ制作中の「タルマーリー」で、格さんは笑う。

06 07
08 09
05

07 開店中はジャズを流すが、疲れた時は、BOSEのスピーカーでパンクをかける。格さんは「日本のパンクが好き。精神は今もパンク」と話す 08 格さんデザインの店内には、ステンドグラスの看板や家具など、物語がある手づくりのものが並ぶ。ドアノブや蛇口は中古で気に入ったものを集めたそう。保育園の手洗い場はそのまま残されていて懐かしい

information

タルマーリー

A_ 鳥取県八頭郡智頭町大字大背214-1 T_ 0858-71-0106
O_ 木〜月 10:00〜17:00 H_ talmary.com

№ 014 神奈川県

Lumière du b

日々を照らす幸せの光

自家製酵母のバゲットは味にうるさい鎌倉のレストランの数々から「美味しい」という手放しの評価を受けている

店名の「リュミエール・ドゥ・ベー」とは、フランス語で「幸せの光」を意味する。その名の通り、店内にはやわらかな陽光が満ち溢れている。オーガニックレーズン、りんご、ビール、ヨーグルトなどの自然の材料からつくられた自家培養の酵母を用いる無添加のパンに、店主の無量井《むりょうい》健太郎さんがこだわるのは「美味しい『本物』を、安心して口にしてほしい」から。

金沢から上京した無量井さんは都内のベーカリーで修業をするうちに、多くの自家製酵母パンと呼ばれるものが人工生成のイーストや混ぜ物でつくられていることを知ったという。自分にできることが「パンづくり」ならば、それだけは嘘をつかないものにしたい。同じくベイカーとして職場で出会った奥様と何度も話し合いながら、2009年に独立し鎌倉・七里ヶ浜にお店を開いた。わざわざ東京ではなく鎌倉を選んだのはオープンから先駆けること2年前、娘さんが産まれたのがきっかけ。海と山に囲まれたゆとりある養育環境を求めてのことだったそうだ。

数種類の自家製酵母を組み合わせてつくる名物のバゲットは、地元で評判が広まり、味にうるさい鎌倉のレストランやバーも注文にやってくるほど。噛みしめると、ザクッとした食感と、小麦そのものの芳醇な香りが口いっぱいに広がる。麦は玄麦で仕入れ、わざわざ石臼で挽き自家製粉している。豊かな香りが立つのはそのためだ。

日々食べるものを大切にすることは、生きることそのものを大事にすること。そんな無量井さんの想いが込められたパンは、今日もどこかで誰かの食卓の「幸せの光」となっている。

Information

リュミエール・ドゥ・ベー

A_ 神奈川県鎌倉市七里ヶ浜東3-1-30　T_ 046-781-3672
O_ 火〜土 10:00〜19:00　H_ www.facebook.com/Lumiere.du.b

01 02
04 05 06　03

04 05 オーストリア製の石臼で挽いた小麦はオーガニックのもの数種類を組み合わせて使っている。古代エジプトで使われていた品種の小麦でつくられたパンもある 06 酵母はオーガニックレーズンのほかビールやヨーグルト、そして季節ごとのフルーツを材料に自家培養している。オープン以来、試行錯誤しながら調合のバランスを改良し続けている

№ 015 鳥取県

コウボパン 小さじいち

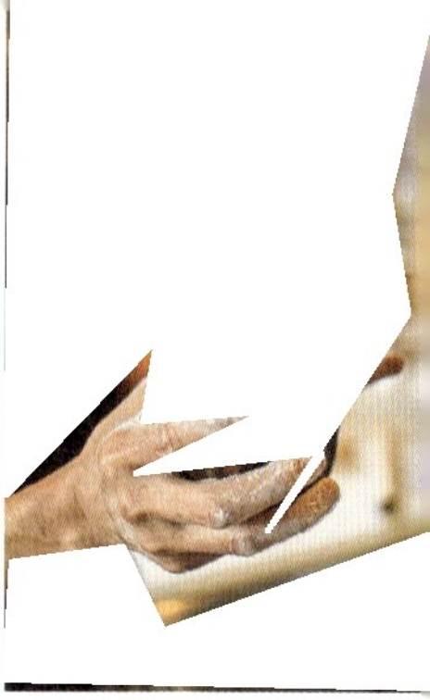

大山の麓で育む自家製酵母

あいにくの曇り空。今日は拝めないかと諦めていたら、厚い雲はいつの間にか流れ、中国地方の秀峰・大山が顔を出した。やっぱりここから望む大山は格別だ。

そんな景色を眺めながら、自家製酵母にこだわったパンづくりに勤しむ人がいる。「コウボパン小さじいち」の西村公明さん。清らかな空気と水、そして気持ちを込めて育てたコウボパンは、市街地から車で約30分、はるばる訪れても苦にならない美味しさで、多くの人を笑顔にしている。

西村さんは妻のあゆみさんと関西でマスコミ関係の仕事をしていたが、昼夜なく働く生活に「いつかは自然豊かな場所で自然をいかした仕事がしたい」と考えていた。2001年に長女が生まれると、あゆみさんは以前から興味のあったパンづくりを、パン屋で働きながら学びはじめた。すると、それまで食に関心のなかった西村さんもパンの魅力に引き込まれ、ふたりの夢をパンに託すことに。2003年に西村さんも脱サラし、ふたりは兵庫県内に食パン専門店を開店。評判の店となったが「目指していたスタイルと違う」と感じていた頃、自家製酵母のパンを食べて素材の味が伝わる自然な美味しさに衝撃を受け、それを機に自家製酵母のパンづくりを学び始めた。もっと自然に近い環境でパンをつくりたいと場所を探していたところ、あゆみさんの実家・鳥取県米子市に帰省中、たまたまドライブで立ち寄った大山で今の店を構える場所と出会った。大山に抱かれるようなのびのびとした環境に誘われるように、2006年、移住した。

小麦は、地元の契約農家でつくった「ニシノカオリ」と国産小麦を使用。以前はいろいろな果物から酵母を起こしていたが、今はオーガニックレーズンを使った酵母を軸に、イチゴやトマトなど旬の食材から起こした酵母のパ

p086_

今日も大山を前にパンをこねる。「酵母は空気と水がすべて」。雄大な自然が酵母を育て、西村さん家族の生活を見守る

01
02 03

01 旬の果物が手に入ったらとりあえず酵母を起こす 02 発酵の進み具合を見てパンに使ったり、料理に使ったり 03 壁や天井には酵母が勢い良く飛び散った痕が。あえて拭き取らず「菌と一緒に暮らしている」

04 05 06

04 大山の麓で自然栽培された金胡麻を使ったフォカッチャ *05* 金胡麻は地元の自然栽培農家グループ「胡麻のアトリエ」が丹精に育てたもの *06* 金色に輝く胡麻と自家製酵母パンの相性は抜群

*p089_*
07 08
09 10

07 酵母を育てる目も、生地をこねる手も、人に接する姿勢も、やわらかで優しく丁寧な西村さん *08* 1袋だけもらった「ナンブコムギ」を使ってパンを試作 *09* 全粒粉は毎日、店で挽いている *10* 長時間発酵により小麦の旨みや香りが最大限に引き出されたパンたち

ンも期間限定で販売している。10〜20種類のパンをカウンターに並べて販売。パンは次々と訪れる人たちに買われ、あっという間にカウンターは空になる。

水と果実だけでゆっくりと発酵させる酵母には、つくり手の気持ちが反映される。「つくり手が過ごしやすい環境で生活していることは、酵母にとってもいいことだと思う」と西村さんはやさしく微笑む。店内にはパンと並んで季節の農産物や山の幸も山積みされている。周辺の農家や知人から届いたものだ。「普段はゆるく繋がっているけど、いざという時はすごい力を発揮する。いい距離でお付き合いできて心地よい」と、鳥取での生活を満喫している。

パンづくりを始めて15年。「パンが焼けるから『自分の立ち位置』が確保できる」。自家製酵母のパンは、今の西村さんを形づくる欠かせない要素のひとつとなった。今後は「枝葉を広げず、根を深くしていくようなパンづくりをしていきたい」と西村さん。「大山の見えるこの場所で一生懸命に、この自然がスーッと身体に入るようなパンをつくっていけたら」。生地をこねる手を止めて、ふと秋空に映える大山を見上げた。

Information

コウボパン小さじいち

A_ 鳥取県西伯郡伯耆町金屋谷1713-1 T_ 0859-68-6110
O_ 水〜土 11:00〜16:00(1〜3月は休業) H_ kosaji-1.com

店の前のカフェで味わえる自家製酵母を使った手料理は、身体が喜ぶやさしい美味しさ。パンをおかわりできるのもうれしい

№ 016 東京都

粉花 konohana

粉花のパン棚にはとても可愛いパンたちが並ぶ。やさしくて愛らしい素朴なパンの顔を見ているだけで、幸せな気持ちになる

粉花では、小さなオーブンですべてのパンを焼く。朝からフル稼働だ。焼き上がったパンは温もりのある籠に移され、棚に並ぶ瞬間を待つ。店内には丁寧に選ばれた籠や布など、パンをあたたかく包む道具がたくさんある

パン以外の焼き菓子も美味しい。香ばしいスコーンやマフィンのほか、季節限定のアップルパイも人気。農家さんに送ってもらう林檎は甘味と酸味のバランスが絶妙。「粉花は林檎が似合うね」とお客様から言われることが多いそう

友人が描いてくれたというバースデーカード。おふたりの似顔絵が可愛い

ちいさな命を感じてつくる、温もりのパン

「粉花」の原点は“愛”だ。

姉の藤岡真由美さんがパンとお菓子を焼き、妹の恵さんがそれを手伝い、あたたかいコーヒーを淹れる。おふたりは頻繁に「パンが可愛くて」と、笑う。私はそれがとても好きだ。パンをつくる喜びと、それを人と分かち合える幸せが、姉妹で営む下町のパン屋さんの原動力となっている。

真由美さんは、パン屋になるつもりはなかったのだという。OL時代、皆が美味しいと食べてくれるので名刺代わりにパンを配っていた。たまたま行った整体で、問診票の趣味の欄に「パンを焼くこと」と記入したことがきっかけで、先生に引っ張られる形で2007年12月、パン教室を開いた。オーブンを開けると歓声があがり、焼き立てパンを食べて喜ぶ生徒さんたちがいた。それがとても嬉しくて「パン屋になりたい」と、想いを家族に打ち明けたそうだ。薬剤師だった恵さんも「お店をやるなら一緒に」と、すんなり手伝うことを決めた。物件は同級生が紹介してくれ、あれよあれよという間に話が進み、2008年7月ごく自然な流れでお店がオープン。はじめてのパン教室から「粉花」の誕生まで約半年。生活は、一変した。「勢いというか、流れに乗るってこういうことなのかな」と、覚悟は自然にできたそうだ。

「粉花」では、オーガニックレーズンで酵母を起こす。「目に見えない酵母がたくさん存在していて美味しいパンができる。酵母も私たちも、同じひとつの命の流れの中で生きています。その流れの中でパンを焼くのが幸せ」と、真由美さん。自家製酵母でパンを焼きはじめたら暮らしが変わり、小さな命と毎日関わるのが楽しいのだという。おふたりにとってパンづくりは目に見えないものにいかされているということを体現する手段なのだ。

国産やオーガニックの素材を使うことを売りにしているわけではないが、素材にはこだわる。「大切な人たちに食べさせたいパンを焼く店なら信頼できる。うちもそう」。春よ恋、粟国の塩、喜界島のきび砂糖、オーガニックのドライフルーツ……自分たちが愛しいと思える身近な素材で、愛しいと思えるパンを焼く。その想いがあるから「粉花」のパンはどれもやさしい。

「パンをつくるっていう能力で、社会に関わっていくのがいいなって。今まではパンじゃなくてもよかったけど、今はパン。好きじゃなきゃパン屋さんは絶対できない」。やわらかでどこまでも自然体だけど、真由美さんのその言葉にしなやかな強さを感じる。

今度の休日にはお気に入りの一冊を持って「粉花」へ。パンとコーヒーのある、豊かな時間を味わいに行こう。きっと「自然な」自分に向き合えるはず。

Information

粉花（コノハナ）

A_ 東京都台東区浅草3-25-6 1F T_ 03-3874-7302
O_ 水～土 10:30～売り切れ次第終了 H_ asakusakonohana.com

p095_

お店のいちばん人気は「丸パン」。ぷっくりとしたフォルムと、思い思いに膨らむ不揃いな姿は生き物のよう。もっちりと、むっちりとしたシンプルなパンは老若男女に愛されファンも多い

Mystery of Fermentation

パンの中で起こる発酵の神秘

パンづくりに欠かせない「酵母」の存在。それがせっせとはたらいて起きる「発酵」の不思議。
知れば知るほど奥深いこの神秘を、少しだけ掘り下げて勉強してみましょう。

Q.01
そもそも発酵ってなんですか?

A.01
微生物によって、人間に有益な働きがなされること。

微生物が食品を分解し、人間にとって有益な物質を生成することを発酵、悪変し食用に適さなくなることを腐敗といいます。微生物にとってみれば、どちらも同じ生命活動。そして発酵食品は、先人の切り拓いた共生の食文化です。

酵母は酸素がある条件下で増え、酸欠になると発酵します。発酵中、酵母は増えません。パンづくりにおいては、生地内で酵母が酸欠になることで発酵のスイッチが入り、酵母の持つ3種の酵素が糖を分解して、アルコール類と炭酸ガスを生成。アルコール類はパンの風味や香り、炭酸ガスは気泡をつくります。日本酒と同じように、穀物の酵素の働きによるデンプンの糖化から、バトンタッチしていくこの一連の発酵方法を「平行副発酵」といいます。

Q.02
「イースト」「天然酵母」「自家製酵母」って?

A.02
本来の意味を理解した上で誤解のないように使い分けたい。

「イースト」を日本語に訳すと「酵母」。しかし「酵母」とは、100属700種も存在する微生物の総称です。一方でイーストと呼ばれているパン酵母は、パンの発酵に適した数種の菌株を純粋培養したもの。ゆえに、本来の意味とは異なります。

天然酵母、自家製酵母についてですが、もともと酵母は自然界に存在しているもの。つまり、人工も天然もありません。「自家製」も当然不可能なので、意味合いとして正確なのは「自家培養発酵種」という名前になります。酵母の表記が複雑で曖昧な今だからこそ、買う側としてはこのパンがどんな酵母で発酵したものかをお店に聞くようにすれば、誤解もなく素性がわかり、パン屋さんのこだわりも知ることができて良いかもしれません。

Q.03
「自家培養発酵種」のつくり方は?

A.03
まずは自然界に生息している酵母を、培地に棲み着かせる。

自然界に存在する酵母をパンづくりに使うには、ある程度増やす必要があります。どうするかというと、まずはそれらを「培地に棲み着かせる」ことです。例えば全粒粉と水を混ぜ合わせて静置しておくと、そこが培地となり、空気中、および原材料に付いていた乳酸菌、酵母が棲み始めます。

やがて乳酸菌が雑菌の繁殖を抑え、適切に発酵を繰り返すうちに酸や炭酸ガスの濃度が高くなり、酸に強い酵母だけが増殖します。そうしてようやく、パンづくりに使える「発酵種」が出来上がるのです。

定期的、かつ適切に糖や酸素を与えることで、酵母は腐敗することなく元気に生き続けます。これを「種継ぎ」といって、大切に育て続けているパン屋もたくさんあります。

Masayuki Kimura

木村昌之／東京吉祥寺のパン屋「ダンディゾン」のシェフ。意識の高い生産者の多くと密接にやり取りし、日々生産地と東京を繋げることに尽力する。業種を超え、種を守る活動「種市」など、サスティナブルな活動に参加するパンのつくり手。

Q.04
酵母の種類や発酵の仕方で味は変わる?

A.04
変わります。発酵種の味や香り、発酵状態はそのお店の個性です。

市販のパン酵母は、純粋無垢。副材料の味の邪魔をせず、やわらかいパンが手軽に焼けて便利です。一方で自家培養発酵種は、酵母の採取源や発酵状態などがパンの味を左右するため、とても奥深いもの。酵母の増殖、乳酸や酢酸などの有機酸のバランスが種によって異なり、それぞれに唯一無二の魅力が。

発酵は、乳酸発酵→アルコール発酵→酢酸発酵の順に進みます。発酵が進んで酢酸が増えた酵母を使うと、酸味の強いパンが焼けます。また温度によっても、高いと乳酸菌、低いと酢酸菌の数が増え、それらのバランスによっても風味が変化します。どんな発酵をしたパンも、料理に様々な飲み物を合わせるように、食卓との自然な組み合わせがいちばん美味しく感じられると思います。

Q.05
酵母を自家培養する面白さ、奥深さとは?

A.05
「明日、どうなってるかな?」というイレギュラー感が面白い。

自家培養発酵種しかなかった時代の、パンづくりに対する安定や簡便性への憧れは、僕たちの想像をはるかに超えるものだったに違いありません。ですからパン酵母は、まさに文化。これからも、ありがたく享受していきたいものです。

自家培養発酵種の醍醐味は、むしろ日々の結果の不安定さだと僕は思います。過保護に育てることもできますが、自然のままに酵母と時間に任せることで、個性の強い酵母から個性の強いパンが生まれることもあります。ワインのように「今年の出来はこうだったねえ」と言いながら味わう。そんな多様性を受容し楽しむことが、パンにとっても自然なことではないでしょうか。それを食べる人と共有できたら、とっても素晴らしいと思います。

【まとめ】

小さい酵母や微生物に助けられてパンづくりをする。

パンは、自然界の循環の一部を拝借してつくられます。本来ならば生態系を守るための、微生物たちの「分解」という働きを我々は利用しているのです。パン職人の特質は常に「生き物（微生物）とともにつくっている」というところ。生き物との、共同作業なのです。だから思うようにいかないことも、逆に想像を超えていい結果が出ることもあります。その面白さが発酵にはあるのです。

人間の目には見えない無数の生き物・酵母、そして微生物。彼らのおかげで、僕らはパンをつくることができます。人間を含めて、生き物は何かを生かすことで生かされているのではないでしょうか。そうでなければ、消費するばかりで滅びてしまいますから。日々そうした循環を、パンを通して学んでいます。

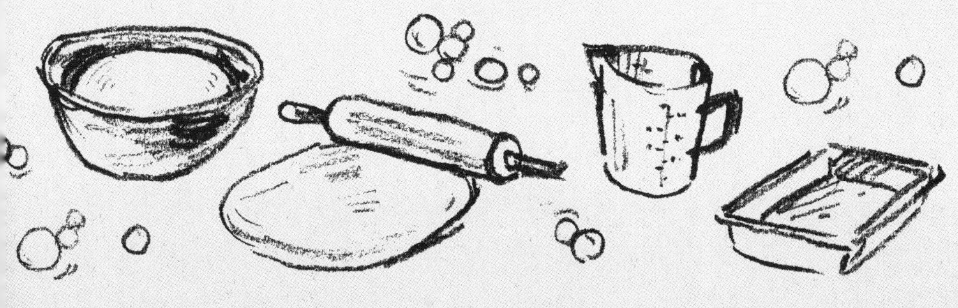

№ 017 Seattle, WA, USA

Atelier JUJU

繊細で美しい自家製酵母をアメリカへ

十数年前、シアトルに語学留学したひとりの日本人女性がいた。Junko Mineさん。彼女はシアトルがとても気に入った。自然が良い。四季が良い。人も土地もすべて自分に合っている、そう感じた。カリフォルニアにも住んでみたが「住むならシアトルしかない」と、再び戻った。シアトル北部のラミ島に住み、島で採れた食材を使うレストランの朝食係になった。身近な食材を使いながら美味しい料理をつくることは幸せだった。

そんな折、ロサンゼルスに住んでいた時に交流があった日本人家族が橋渡しとなり「畑のコウボパン・タロー屋」の存在を知る。瓶に入った鮮やかなその酵母の写真を一目見て、感動した。

「私はここで酵母の勉強をしたい。タロー屋さんのように身近な素材から酵母を起こし、パンを焼きたい」という、直感。距離とか事情とか、今の環境は関係なかった。彼女は店主の橋口太郎さんに連絡を取った。その熱意に、太郎さんは首を縦にふるという選択以外考えられなかったという。

こうしてJunkoさんは2014年1月、北浦和の小さなパン屋さんにやってきた。シアトルから実に7700キロ離れた、埼玉県のパン屋さんの工房で酵母について学んだ。アメリカでも家の庭にリンゴの木があったので、そのリンゴで酵母を起こしてパンを焼いてみたことはあったが、それとはまったく異なる、素晴らしくエキサイティングな1週間だった。

p098_
元気良く活動する地元のベリーで起こした酵母。Junkoさんにとって、身の回りのありとあらゆる素材が酵母を起こす原動力になる

01
02
03

01 ラミ島で林檎とダグラス松摘み 02 有機りんご酵母でつくったエスプレッソ・ショコラ 03 シアトルのファームで頂いた3種類のラベンダー酵母

04
05 06 07

「カフェ・ワニタ」のスタイリッシュな店内では、素材からインスピレーションを受けた洗練された料理が味わえる。料理に合わせてJunkoさんの焼くパンを楽しめる 04 エスプレッソ・ショコラパンで作ったクロスティーニ。ヘーゼルナッツのペースト、自家製リコッタチーズ、はちみつ、フルーツを添えて 05 06「カフェ・ワニタ」外観とダイニング・フロア 07 ポテトブレッドと季節の酵母パン。カフェ・ワニタに代々伝わるパンは、基本的には生イーストブレッド。Junkoさんの酵母パンは季節によって、前菜、メインコース、またはデザートメニューでサーブされる

p101 _
有機レーズン酵母の全粒粉パン

興奮と技術、そしてあたたかな絆をお土産にシアトルへ帰り、早速様々な素材で酵母を起こし、パンを焼いてみた。アメリカンチェリー、エルダーフラワー、ダグラス松、バラ、桜……。その土地の季節を感じながらパンを焼くことはこの上ない喜びだった。

自分も「酵母パン」を仕事にしたいと思うようになった。しかしたくさんの人に話をし、レストランにも足を運んで志を説明したが興味を持ってもらえなかった。アメリカは「酵母」よりも「麦」に重きを置いている。時間もお金もかかる自家製酵母でのパンづくりは理解してもらえなかった。それでも、あきらめることなくパンを焼き続けた。

そしてある日、ひとりの女性シェフが「私のレストランでパンをサーブしないか」と、声をかけてくれた。情熱と興味が形になった瞬間だった。

こうしてJunkoさんは「CAFÉ JUANITA(カフェ・ワニタ)」で今日もパンを焼いている。

Information

アトリエジュジュ

H_ www.junkomine.com ※atelier JUJUは店舗はありません。

カフェ・ワニタ

A_ 9702 NE 120th Pl, Kirkland, WA 98034 T_ 425-823-1505
O_ 火～木 17:00～21:00 金土 17:00～22:00 H_ www.cafejuanita.com

ワシントン州の郊外カークランド北部の閑静な住宅街にある北イタリア料理レストラン。シェフ・オーナーのホーリースミス氏は、過去にジェームズ・ビアード「Best Chef Northwest」を受賞、料理の鉄人バトルで勝利を飾る実力派女性シェフ。2015年にリニューアルオープンした店内は落ち着いた雰囲気で、特別な日やデートスポットとしても人気。彼女のつくる料理はシンプルで素材をいかした料理が多く、リピーターも多い。

Photo by Rika Manabe Photography, Lara Swimmer Photography, Junko Mine

Swedish Bread

プロジェクト「The Living Archive」で、
様々な人がつくったパン種（パンづくりに使われる酵母）を収集し
その背景も一緒にアーカイブ化した、エクスペリエンス・デザイナーのジョセフィン。
彼女が出会った、3人のパン職人のパーソナルストーリーに迫ります。

幸せに変わりゆくスウェーデンのパン文化

パン種づくりには、理想的な方法がない。既存の知識を集めて応用し、試行錯誤を繰り返すしかない。それぞれの職人が異なる手法と哲学をもって、独自の味をつくり出している。ここ10年ほどの間に、パン職人やパンづくり、パンそのものの位置づけは大きく変わった。目立たず、古臭くて難しいというイメージから、技術や使われる材料、風味に対する評価が高まり、豊かなパン文化が次々と生まれている。実験的な試みや独創的なアイデアに取り組むパン屋も増え、そこに駆使された技術や、かけられた手間にスポットが当たっているのだ。長い伝統に育まれたスウェーデンのパン文化も、トレンドやテクノロジーの進化とともに変わりつつある。そして外国のパン文化や食文化の影響も受けて、パンの種類も驚くほど多様化し、選ぶ楽しみも生まれているのだ。そのような過渡期の中、私はスウェーデンで3店の素晴らしいパン屋さんに出会うことができた。大量生産のパンよりも、はるかに美味しい。それだけでなく、食べた人を心地よい気分にしてくれる。美味しいパンをつくるには時間がかかるし、材料にも十分配慮し、自然を大切にする農家から仕入れなければならない。そうしてつくられたパンは、皆さんのおなかと心をもっと幸せにしてくれることだろう。

Josefin Vargö

ジョセフィン・ヴァリエ／1982年スウェーデン生まれ。エクスペリエンス・デザイナー。2011年ストックホルム・コンストファック芸術工芸デザイン大学卒業、修士号取得。人生の半分を日本、アメリカ、イギリス、ポーランド、アフリカで過ごす。人々、場所、オブジェクトを結びつける新たなプラットフォーム、体験、プロセスをデザインし、現在は、中心的な素材として食品を取り上げている。

№ 018 Stockholm, Sweden

Bageri Petrus

遊び心から生まれる、パンの個性

現代的で落ち着いた雰囲気のセーデルマルム地区に、ストックホルム屈指の遊び心にあふれたパン屋がある。ペトリュス・ヤコブソンさんが陽気なスタッフとともに切り盛りする「ベーカリー・ペトリュス」だ。

昔からあったパン屋の物件が売りに出されていたのを見つけ「実験的なアプローチができるパン屋をはじめたい」と思ったことから、自分の店をオープンさせたペトリュスさん。「私がつくるパンは、この店でしか売っていません。だから、自分の好きなようにつくることができる。様々な試みをして、楽しみながらパンを焼くエネルギーが湧くんです」と嬉しそうに語る。

例えば、アーモンドペーストを詰めた丸パンにホイップクリームを挟んだ、スウェーデンの伝統的なお菓子「セムラ」にも毎年改良を加える。100%スペルト小麦の全粒粉を使用したり、カルダモンロールのフィリングから砂糖を抜いて未精製の粗糖《そとう》を散らしたり。すべては、商品により深い味わいを加えるためだ。また季節感も大切にしており、ベリーの季節なら近所の人からパンと交換してもらった手摘みのベリーでジャムをつくる。絶えず進化を続け、決して立ち止まることのないパン屋なのだ。いつでも新しいアイデアにオープンなペトリュスさん。訪ねてみる価値は大いにある。

店のウインドウのひとつには、パン屋の心臓ともいえるオーブンがある。信頼を築き、仕事に誠実であるためには「パンづくりのプロセスや、床に置かれた小麦粉の袋などもお客様に見てもらえる透明性が大切」とペトリュスさん

p105_

普段から全粒粉や、添加物の入っていない珍しい粉をたくさん使用。材料は、品質本位。土壌にも気を遣いながら責任を持って栽培し、その収穫物を丁寧に製粉している農家や製粉所から直接仕入れている

Information

ベーカリー・ペトリュス

A_ Swedenborgsgatan 4B, 118 48 Stockholm, Sweden T_ 08-641-521-11
O_ 月〜金 7:00〜18:00、土 8:00〜15:00 H_ www.facebook.com/Bageripetrus

№ 019 Stockholm, Sweden

Vedugnsbageriet, *Rosendals Trädgård*

パンも職人も、自然とともに生きている

美しい自然の残るユールゴーデン島に位置する、ローゼンダール・ガーデン。その敷地内にあるパン屋「ヴィドゥンスバゲリエット」は、バイオダイナミック農法による庭園づくりを進める、ローゼンダール・ガーデン財団の自然開発プロジェクトのひとつとなった。パン屋の収益は財団に還元され、緑のオアシスの無料開放にも役立っている。

パン屋の商品の、99%はオーガニック。季節に合わせて地元の農家や、ガーデン内の菜園、畑から材料を仕入れる。またこのお店は、1998年のオープン以来、ストックホルムで唯一の薪窯焼きパンの店。薪窯の建設費の一部は、薪窯に使うレンガをひとつずつ購入してもらうクラウドファンディングで賄われたのだという。製パン主任のリネア・リンドクイストさんは「この店は、ストックホルム市内のパン屋やパン職人の発想の源、そしてキャリアの出発点として大きな役割を果たしてきた」と話してくれた。ホリスティックで誠実で、有機的なその作業プロセスは実にユニーク。材料へのリスペクトの想いを持って、訪れる人々に美味しくてヘルシーなパンを提供している。

この店に行ったら、カルダモンロールをぜひ食べてみてほしい。世界中に、このパンのファンがいるそうだ。

Information

ヴィドゥンスバゲリエット・ローゼンダール・ガーデン

A_ Rosendalsvägen 38, 115 21 Stockholm, Sweden T_ 08-545-812-70
O_ 季節によって異なるためHPで確認 ※ミッドサマー時はローゼンダール・ガーデンすべてが休館
H_ www.rosendalstradgard.se

店の心臓である薪窯にくべる薪についても、こだわりがある。もちろん、くべる薪の量やちょうどいいタイミングを見極められるようになるには何年もかかる。「だからこの店は特別なんですよ」とリネアさん

p107_

「ここでは生地がすべての決め手。かかる時間は問題ではありません」とリネアさんが話すように、パン生地が発酵して膨らむまでに充分な時間をかける。そうするほどに多くのグルテンが分解され、消化しやすいパンができるのだ

№ 020 Stockholm, Sweden

Vallentuna Stenugnsbageri

パンの味も、店での体験も、特別なものに

「トイレに立ち寄っただけなのに、長居してしまう―そんな特別な場所をつくりたい。もちろん、その場所の核となるのは『パンの味』です」そう話すのは、オロフ・イェンソンさん。彼は奥さんであるテレーセさんと、もうひとりのオーナーであるカール・マットソンさんと一緒に、ストックホルム北部郊外にある「ヴァレントゥナ石窯ベーカリー」を営んでいる。大切にしているのは、パンそのものの味わい。そして、この店での体験の一つひとつ。それらに「同じ雰囲気を感じられること」を意識して、店づくりを行っている。

そのためにオロフさんは、カールさんと一緒に「美味しさが第一」という原則に従って材料を選ぶ。できるだけ地元で有機栽培した食材を仕入れ、300度に熱した石窯でパンを焼く。そうすると風味のいい表面は香ばしく、中はふっくらと焼き上がるのだ。そしてペストリーは、食感を何よりも大事にする。底はトフィーのようにカリッとして、中はふわふわ、表面はパリパリ。このペストリーを求めて、遠くからわざわざ訪ねてくるお客様もいるそうだ。

オロフさん曰く「近年、パン職人たちは外国の新しい手法を次々と取り入れている」。それは生産スピードより、品質にこだわるようになってきたということ。この店を訪ねれば、間違いなくその品質を味わうことができる。

Information

ヴァレントゥナ石窯ベーカリー

A_ Allévägen 6, 186 39 Vallentuna, Sweden T_ 08-511-705-70
O_ 月～金 7:00～18:00、土日 8:00～17:00 H_ www.vallentunastenugnsbageri.se

「このあたりに、もっと手づくり食品の店が増えてほしい。地元農家との繋がりも、深めていきたい」と願うオロフさん（右）。ここ数年の間に大きく発展した、スウェーデンのパン文化の一翼を担っていることに誇りを感じている

*p109_*

目指すのは、水分をできるだけ保ちながら、できるだけ日持ちするパンをつくること。そして「大事なのは、パンを生きものだと考えること。表面は黒っぽく、それと対照的に中は透き通るように白いのが理想。そうすると見た目がきれいでしょう?」とオロフさん

VALLENTUNA
STENUGNSBAGERI

CHAPTER 3

The Pursuit for the Perfect Loaf of Bread

パンの探求

「美味しいパン」って、なんだろう?

「美味しい」は、とても感覚的だ。最後は「食べる人」が決める。人間だから、その日の気分で食べたいパンも変わるし、食べるシチュエーションや体調によっても味の感じ方が変わる。何を使って、どうやってつくり、どのように提供するか。これはすべて「つくる人」が決める。これが個性になって、100人いれば100通りのパンが生まれる。パンも、日々変化する。同じ人が、同じレシピでつくっても、毎日同じパンにはならない。これはパンが、手仕事・クラフトである証だ。日本のパン文化を引っ張ってきた人たちの店、そこから旅立った多くの人たちが開いた店、ふとした瞬間のパンとの出会いがきっかけで、独学でパンを学んだ人たちの個性豊かな店、自然とともに、料理とともに、地域とともにパンの可能性と美味しさを引き出し、楽しみ方を教えてくれる店、あの人に会いたい、あのパンが食べたいと思わせてくれる店……。世界中で、日本中で愛される様々なパンとパン屋さんを追いかけてみる。今の日本では本当に、ありとあらゆるパンが食べられる。世界で最も、たくさんの種類のパンが食べられると言ってもいいかもしれない。世界的にみたら、パンの歴史は浅いのに不思議だ。私たちを惹きつけてやまない、パンの魅力を探る。

№ 021 東京都／長野県

Levain

パンの生き字引

創業以来、継ぎ足しながら使われている酵母でつくったカンパーニュ。酸味と旨味が混じった複雑で奥深い味

富ヶ谷の店舗に据え付けられた煉瓦造りの巨大な窯は、25年以上前から使われているもの。従業員たちが一つひとつの工程を丁寧に声を掛け合いながら進めていく

「ルヴァン」のパンは量り売りが基本。ひとつのパンを多くの人で分け合う。どこかの食卓には自分が食べているものと同じパンがあると思うと、繋がりを感じる

UEDA

「ルヴァン」は、1984年に東京の調布で創業し(現在は閉店)、1989年には富ヶ谷店がオープン。続いて、2004年にはオーナーの甲田幹夫さんの故郷である長野県上田市に開店した。どの店舗でも丁寧に心を込めたパンづくりが行われている。あたたかな雰囲気のある木造りの店内は、焼き立てのパンの匂いであふれている

上田店には「ルヴァンターヴル」と「茶房 烏帽子」が併設されており、地元・長野産の野菜や果物をふんだんに使った自家製のスープやデリなど、パンと相性抜群の食事や飲み物が楽しめる。お客さんと従業員が親しげに言葉を交わしながら、ゆっくりとしたひとときをつくる

パンを通して受け継がれていくもの

「ルヴァン」のカンパーニュは、複雑な味わいをしている。30年もの間、継ぎ足されながら熟成されてきた自家製酵母が醸し出す、酸味と旨味は「ルヴァン」の歴史そのものであり、そこに関わってきた人々の物語でもある。

オーナーの甲田幹夫《ミキオ》さんは、1984年に東京・調布市でこのベーカリーを創業。1989年には代々木八幡に富ヶ谷店をオープン。2004年には、甲田さんの故郷である長野県上田市に「ルヴァン 信州上田店」を開いた。2014年には30周年という節目を迎えた。長きにわたって「ルヴァン」のパンが人々に愛され続けるのは「美味しさ」だけではなく、そこに甲田さんの強い想いが込められているからだ。

富ヶ谷の「ルヴァン」を訪れると、軒先でひとりの青年が栗の皮むきをしていた。井の頭通り沿い、都会の一角にあるとは思えない緑に包まれた桃源郷のような雰囲気の店構え、淡々と作業をする青年の横には別の男性スタッフがひとりパンを食べていた。耳をそばだててみると、英語で会話をしている。皮むきの彼はわざわざ韓国から「ルヴァン」で学ぶためやってきたのだという。「世界中のどこを探してもルヴァンみたいなベーカリーはないよ！」。パンづくりのため、コンピュータープログラマーを辞め、ベイカーになろうと決心したという彼の目には情熱がたぎっていた。

店内に入ると、山小屋のような内装。本や雑誌、イベントのチラシが小さな棚にならび、甲田さん自身による手書きのメッセージもいたるところに貼られている。パンを持って帰るための手提げ袋はお客さんたちによって提供された紙袋だ。棚に並んだパンはどれも量り売りされていて、大きなパンが次々と切り分けられ、お客さんたちに売られていく。併設されたカフェからは、パンと料理を楽しむ人々の笑い声が聞こえる。人の出入りは多いが、決して騒々しくはない。それは「家」にいるようなあたたかく落ち着いた空気感だった。パンを通じて、大きなひとつの家族が出来上がっている、そんな気がした。

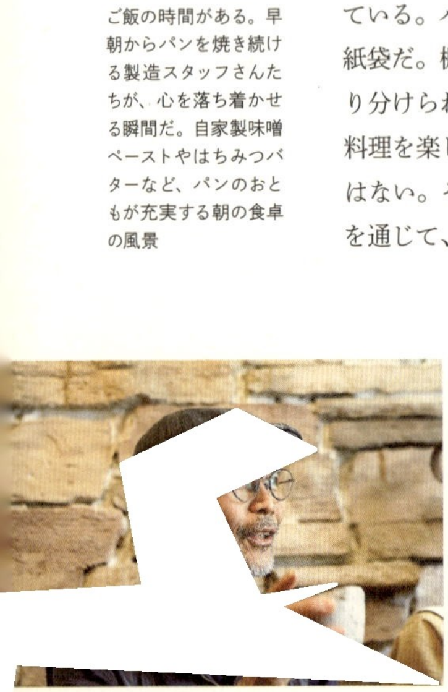

「ルヴァン」では毎朝皆でテーブルを囲む朝ご飯の時間がある。早朝からパンを焼き続ける製造スタッフさんたちが、心を落ち着かせる瞬間だ。自家製味噌ペーストやはちみつバターなど、パンのおともが充実する朝の食卓の風景

この日は旬の紅玉がパイ用にスライスされていた。すべて無駄にしない「ルヴァン」の教えがきちんと守られている

「ルヴァン」のパンに使われているのは、石臼で挽かれた栃木、群馬、長野産の国産小麦。材料にこだわっているのはもちろんだが、それを最後まできちんと使い切ることも甲田さんが大事にスタッフに言い聞かせていることのひとつだ。と、いうのもこれらの材料は甲田さんの知り合いの農家さんがつくったもの。「つくった人の顔を知っていれば、ものをいたずらに無駄にすることはできない」。決して強い言葉ではない。しかし、この当たり前を守ることがいかに難しいか。余ったパンもラスクにしたり、あるいはスタッフ同士で分け合ったりと様々な工夫をこらしながら、この信念を守り続けている。

甲田さんは「パンづくりは手段にしかすぎない」という。「結果的には、パンづくりで平和の輪が広がっていったら」と。ものづくりを通して大事なものを「共有」しているという感覚。誰かが独り占めするのではなく、みんなで分け合うということ。それこそが「平和」への足がかりとなる。甲田さんが「ルヴァン」で守ろうとしている想いは、とても根源的なものだ。しかし、甲田さんはことさらにそれをスタッフやお客さんに押し付けるようなことはしない。「ルヴァン」のパンを食べているとその大切さが自然とわかってくる。

開店当初から使われているという趣ある煉瓦造りの窯の前では、今まさにカンパーニュ生地に、最後の仕上げであるクープ(切れ目)が入れられようとしていた。ベイカーたちは手早く、十字にナイフをいれていく。数十分後、窯から出されたカンパーニュは美しく花開いていた。ザクザクと半分に切り分けると湯気が立ち上る。ルヴァンのパンづくりという営みは、大いなる想いと物語を内包しながら、これからも受け継がれていく。

Information

ルヴァン 富ヶ谷店

A_ 東京都渋谷区富ケ谷2-43-13
GSハイム代々木八幡 1F
T_ 03-3468-9669
O_ 火～土 8:00～19:30、日・祝 8:00～18:00 ※第2火曜はお休み、祭日振替休日あり
H_ levain317.jugem.jp

ルヴァン 信州上田店

A_ 長野県上田市中央4-7-31
T_ 0268-26-3866
O_ 木～火 9:00～18:00(パン屋)、10:00～17:00(カフェ)
※第1木曜日はお休み、祭日振替休日あり

№ 022　千葉県

つむぎ

パンの生き字引

何かを語るわけでもない。竹谷さんの手を見ているだけでパンへの愛情が伝わってくる。息子さんと一緒に工房へ入るようになってからパンの種類は格段に増えたという

「人」が「人」へと紡ぐパン

　パンづくりにたずさわる人々が通うパン屋が千葉県にある、という。そのお店とは、ユーカリが丘駅から徒歩10分の場所にある小さなベーカリー「つむぎ」。その日も店主の竹谷光司さんは、いわゆる「職人」のイメージとはかけ離れた気さくな笑顔で私たちを出迎えてくれた。店内には、フランスパン、ドイツパン、アメリカの食パン……など、本場の味を忠実に再現したという各国のパンが並んでいる。

「結婚する前から『パン屋になる』と家内には宣言していたんです。でもそれから長いこと製粉会社の社員として働いていたので、すっかり忘れられていたようで。定年後、実行に移そうとした時は家族に驚かれました」。そう言って笑う竹谷さんの人生は、言葉通り、パン職人になるための人生だったといっても過言ではない。北海道で豆腐屋の息子として生まれた竹谷さんは、幼い頃からパン屋になることを夢見ていた。夢を叶えるため大学は食品系の学科に進み、卒業後は山崎製パンに就職。その後、ドイツにパン修業に行った竹谷さんは、パン屋が街の中心となる文化に触れ、衝撃を受けたという。3年をドイツで過ごし日本に戻ってくると日清製粉に入社。製パン会社より製粉会社のほうが開発の過程で様々なパンの製造を学ぶことができるからだ。そこで37年間、様々な業務を経て現在に至る。

　転機となったのは、日清製粉入社後に仲間と立ち上げた「ベーカリー・フォーラム」だ。パンづくりに関わる社外の人10名ほどを集めたその勉強会は、昭和62年1月20日、日本橋のホテルの一室からはじまった。開催は月一回。

欠席禁止、各参加者が必ずスピーカーになるというルールのもと、人数を増やしながら約20年の間に200回開催され、業界の大きなうねりをつくり上げた。竹谷さんが執筆した本『新しい製パン基礎知識』は「パン職人のバイブル」と言われ、たくさんのパン職人に読まれ続ける一冊となっている。

しかし、竹谷さんは「私の本は所詮、諸先輩方のノートです」と言う。教わったことをひたすら忠実にノートに取り、まとめたものだというのである。「店のパンだって、それぞれの本流である師匠のつくり方を忠実に守っている。本もパンも、これまでの人生で出会った『人』がいてはじめてできたものなんです」。パンづくりを中心に育種、小麦づくり、製粉の世界を見ることができ、それらの知識を結合することができた勉強会、それぞれの場で出会った「人」が大きな意味を持っていたのだと竹谷さんは語る。

そんな竹谷さんがこれから目指すのは「日本オリジナルのパンをつくること」。日本の梅雨は小麦づくりに不利な条件だが、現在はそれを克服して優秀な小麦品種が生産されている。それらを使って、素材、製法ともに「日本だからこそできる」「日本にしかできない」パンを生み出すのが夢だ。店内に

01
02 03 04

01 開店時間前にはぎっしりと棚にパンが美しく整頓され、見ているだけで心が躍る。どんなに知識があったとしても、お客さんの声を聞いて、食べてくれる人が求めるパンをつくることがいちばん大切だという

並ぶ「北海道コッペ」「黒米カンパーニュ」は、竹谷さんが生み出した渾身の「ジャパン」第一弾。レーズン酵母でつくったというやさしい味わいの北海道コッペに、ゆめかおり、ゆめちから、きたほなみなどの小麦粉を使用し、千葉県の黒米を使用した「黒米カンパーニュ」は、そのまま食べてもパン本来の甘さを感じるやわらかな味わい。パン好きなら必ず食べたい2品だ。
「大学を22歳で卒業して、それから45年、ずっとパンが生活の中心にある。だからまさしく私にとってパンは人生そのものなんです」。竹谷さんはこれまでの道のりをこう振り返る。パン屋さんには、独特の幸福な空気が流れていると思う。そして「つむぎ」にはその幸福な空気を確信に変えてくれるような笑顔があふれている。それがどういうことか、竹谷さんの話を聞いてわかった気がした。たくさんの「人」の想いは、パンとなって、小さな街の「人」へと今日も紡がれている。

informetion

つむぎ

A_ 千葉県佐倉市ユーカリが丘2-2-7 T_ 043-377-3752
O_ 水～日 9:00～18:00 H_ tsumugi.ehoh.net

05
06 07 08

06 前職の研究室で使用していたまな板を改良した看板 07 竹谷さんが産み出した「ジャパン」08 ドイツパンの「セサミブロート」と「ベルリーナ・ラントブロート」

The History of Bread

パンの歴史をたどる旅

紀元前の頃から、パンは人々にとってなくてはならないものでした。
知恵と技術を進化させながら現代まで受け継がれてきた、パンの歴史をひも解いてみましょう。

紀元前8000年頃

メソポタミアで野生小麦発見

人々は石で粗く潰した小麦に水を入れて練ったものを、熱い灰の中に平たく埋めて、焼いて食べていたといわれています。

紀元前3000年頃

パンの原型が生まれる

小麦が中近東からモンゴルや中国、エジプト方面にも広がっていきます。
発酵パンの誕生もこの頃。エジプトで、小麦に水を入れて練ったものを置いていたら空気中の酵母菌がついて自然に膨らんだため、それを焼いて食べるようになったのが、現在のパンの原型という説があります。
当時の壁画にはパンを焼く人の絵や、1日に700〜800gほどのパンを食べていたという記述もありました。このことから、パンは主食に位置付けられていたことがわかります。パン屋は存在せず、国に仕える人がパンをつくり、国民に配っていたそうです。

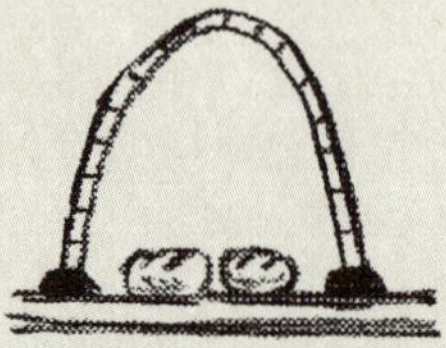

エジプト初期は平たい石の上に発酵パンの生地を載せて焼いていましたが、やがて石の全体を覆って熱が逃げないようにするための釣鐘型やドーム型の窯へと進化していきました

古代ギリシャ時代

果実や蜂蜜の入ったパンができる

エジプト人が発展させた発酵パンづくりの技術が、ギリシャに伝来します。
ギリシャは温暖な地中海性気候のため、オリーブオイルを近くの島に出荷したという記録も残っているほど、果実が豊富に採れます。この時代に起こった進展は、パンに果実やスパイス、蜂蜜などを入れたこと。ギリシャで生まれた甘いパンから、お菓子が派生したという話があるほど、多様なパンが生まれました。

古代ローマ時代

パン屋や養成学校などの誕生

古代ローマ時代になり、パン屋という業種が誕生します。同時に「パン屋は世襲制を取らなければならない」「○人以上の地区にはパン屋を1軒置かねばならない」などの法律も生まれました。パン職人の学校ができたのもこの頃。パンが主食のため、国もパン屋という職業を守ったのです。広場には共同窯が置かれ、国民が生地を自由に焼ける環境も整っていました。さらに石臼などの道具も発達し、まだ手動ではあるにしろ、量産化できる体制が進んだのも特筆すべきところです。
またキリスト教の成立も、パンの歴史に大きな影響を及ぼしています。キリスト教では「パンはキリストの肉、ワインはキリストの血」とされているため、宣教師もパンとワインを持って世界中に布教活動に行き、キリスト教とともにパンを広めたのです。後述しますが、16世紀になると日本にもやってきます。

監修：一般社団法人 日本パンコーディネーター協会

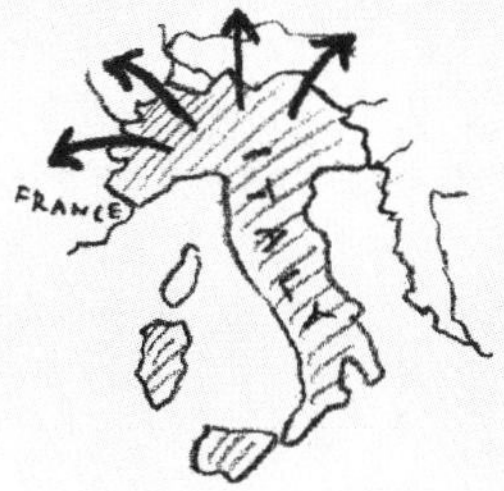

ルネサンス期

イタリアから隣国にパンが伝わる

ゲルマン民族の大移動により衰退した古代ローマですが、やがて「再び栄華を極めたギリシャ、ローマの時代を取り戻そう」という運動が起こりました。それがルネサンスです。中世ヨーロッパの後半にもなると、食、生活、文芸とともに、一旦廃れたパン文化も復興しはじめました。
それとともにイタリアから隣国に、パン文化が伝えられます。例えばフランスで生まれたパン・ド・カンパーニュの起源は、ローマの田舎でつくっていた名前もないパン。このように、イタリアはヨーロッパのパン文化を牽引してきたのです。

例えば、フランスの植民地だったベトナムにもバゲットが伝わりましたが、食べやすいように本国のものより柔らかく変化。それに香草やなますなど、アジアの食材を挟んだサンドウィッチ「バインミー」も誕生しました

大航海時代

大陸発見とともにパンが広まる

15世紀半ばになると、ヨーロッパ人によりインドやアジア大陸、アメリカ大陸などが発見され、次々と植民地化される大航海時代が訪れました。それとともにパン文化を含むヨーロッパの文化が少しずつ各大陸へと流れ込み、土地独自の進化を遂げていきます。

キリスト教と鉄砲伝来

日本にパン文化が伝わる

1543年、ポルトガルから種子島に鉄砲が伝来。その6年後、宣教師であるフランシスコ・ザビエルが鹿児島県に上陸しました。
古代ローマ時代の項で記述した通り、パンは「キリストの肉」とされています。ザビエルは日本に来るやいなや窯をつくり、パンを焼きはじめたのだそうです。そこから徐々に、日本にパン文化が浸透していきました。

産業革命

急速的にパンの量産化が始まる

イギリスで起こった産業革命以後、窯の大きさも燃料もパワーアップ。特に燃料は、薪から石炭へと大きな進歩を遂げました。パンを断続的に焼き続けることができるようになり、一気に量産が可能に。イーストの元になる酵母も発見され、パンの安定供給に一役買いました。

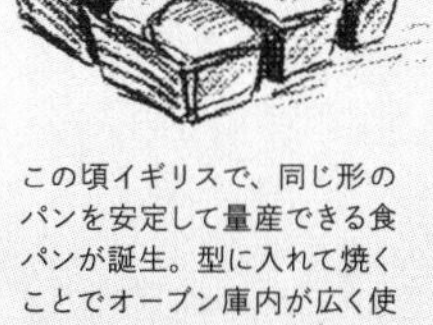

この頃イギリスで、同じ形のパンを安定して量産できる食パンが誕生。型に入れて焼くことでオーブン庫内が広く使え、運搬もしやすいため、生産効率が良かったのです

日本開国

日本の港町でベーカリーができる

横浜、神戸、長崎などの外国人居留地で、外国人によるベーカリーが続々と誕生。日本人の職人も増えはじめます。ここから、日本のパン文化ははじまっていったのです。

№ 023 千葉県

naya

自然とパン

色鮮やかでみずみずしい具がたっぷりのサ
ドウィッチ。レタス、オリーブ、じゃがい
ゆでたまごを挟んだ「ニース風サラダのチャ
サンド」を手早く組み立てる。昔は店の
でランチに使う野菜も育てていたのだと

CHAPTER 3   **The Pursuit for the Perfect Loaf of Bread** | naya

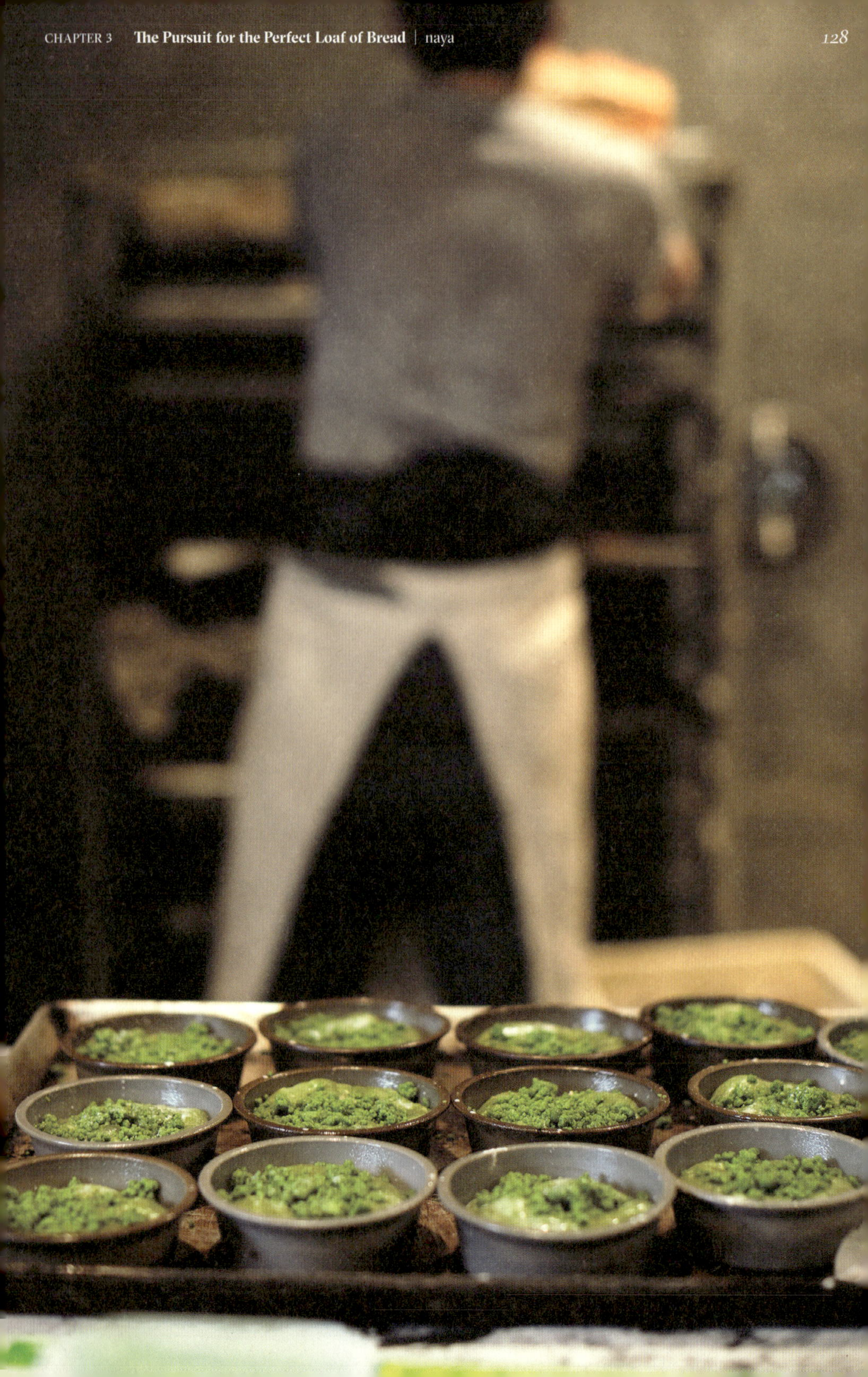

パンひとつで繋がる心

生い茂る緑の中にひっそりと佇む納屋のような建物。木製の扉の先には、高い天井の気持ちが良い空間。到着時は、オープン準備の総仕上げをしているところだった。ゴロゴロ乗せられた大きなベーコンの豪快さに驚くと「せこく入れるくらいならつくらないほうが良い！」と、店主の落合義夫さん。潔い。ここはパン屋さんというより、カフェみたいな雰囲気。みんなが安心してそのなかに身をゆだねる感じだ。

東京でグラフィックデザイナーとして働いていた落合さん。手仕事をする職人世代だったが、徐々にパソコン作業が増え、経験を重ねるほど、本来自分が好きだったことから遠ざかってしまうことに違和感を覚えた。「もう一度職人になりたいと思いました。田舎で手を使った仕事がしたかったんです。カフェをやって、コーヒーを淹れよう、と」。こうして落合さんは、竹林だった場所を、自らの手で緑いっぱいのお庭とお店に変えた。お店の裏で小さな畑をやりながら、念願のカフェをオープン。

営業日は「パンがある程度でき次第」オープンし、平日は20種類前後、休日は30種類前後のパンが並ぶ。どのパンにもそれぞれ顔があり、個性豊かに空間を彩る。大きなフォカッチャを年季の入った出刃包丁で切る作業が美しかった

「もっと手を使う仕事がしたい」と思いパンを焼き、カフェの傍らでパンの販売をはじめると、思いのほかお客さんからの評判が良かった。雑誌掲載がきっかけでパンを求める人が押し寄せ「忙しい空間になってしまうくらいならカフェをやらないほうがいい」とパン一本に。これまた潔い。パンを求めてくれる人がいるからパンを焼くようになり、その量が段々増えてパン屋になったのだ。「本当はパンは一部であってほしい。でもありがたいことにパンを買いにお客さんが来てくれるから、一個でも多くつくってお迎えしたい。パン屋であることを今はとても楽しんでいます」。

パンを焼くきっかけは東京・富ヶ谷の「ルヴァン」で食べた「外国風のかっこいいパン」だった。その美味しさが忘れられず、ルヴァンの分厚い本のレシピを全部つくり、何度も実験した。「昔は自分らしいパンを焼いていました。でもスタッフやお客さんとの繋がりが深くなると、相手のためにパンを焼くようになって。パンひとつで心が繋がることがとても嬉しいです。本当にパンで人生が変わりました」。

「まるパンより、マルコって名前のほうが、個性がきゅっと入ってくるでしょ」。人と心が大切なんだと気づかされた時、パンにも個性を持たせてあげたくなった。「マルコ」のほかには、ほんのり甘いリッチな食パン「クララ」もいる。舌の上に残る余韻とふくよかさを生むため「クララっぽい蜂蜜」を探しまわったそうだ。

落合さんは、ゆったりとしたペースでパンを通して人の心に馴染んでいく人なのだ、と思う。連鎖的に人との関係性を深めて、連鎖的にパンが変わっていく。よりあたたかく、より美味しく。

01 02

01 用意してくださったまかない。現在、残念ながらカフェはお休み中 *02* 現在のチームnaya。はじめはみんなお客さんだった。左からmameさん、落合さん、ムーミンさん、細田さん。みんなが来てくれたことで、良い風が吹いて、パンづくりの幅が広がったという

*p131_*
この日はあいにくの雨だったけれど、雫をたたえた艶っぽい木々がいきいきして見えた。落合さんが連れて帰ってきた緑が、長生村での10年を経て森のように成長中

Information

ナヤ

A_ 千葉県長生郡長生村入山津803-2 T_ 0475-32-3246
O_ 水・木・土・日 11:30〜16:00 H_ www.naya78.net

78

№ 024 沖縄県

PLOUGHMAN'S LUNCH BAKERY

自然とパン

とってておきの場所には、パンがある

坂道の上の緑に包まれた階段を一歩ずつ上ると、蔦に覆われた外国人住宅が現れる。テラスに生い茂るのは南の島らしい植物と花。「丘の上のパン屋さん」に辿り着いた時、私は宝物を見つけたみたいに嬉しかった。

「こだわり過ぎず、バランスを大切にしています」。

オーナーの屋部《やぶ》龍馬さんは東京生まれだが、ルーツは沖縄。建築を学び、スペインの大学に行こうと考えていた。留学前に沖縄に戻っていた両親を訪ねたことがきっかけで人生がゆるりと動き出し、気がつくと沖縄に住んで15年。「先祖に引っ張られた感じ。沖縄はそういうのが強いです。僕はやりたいと思っていることはうまくいかない。流れに乗ると気持ちよくすんなりいく」。巡ってきた縁と流れに身をゆだねる姿はどこまでも自然体。

意思や想いは空間や人柄に滲み出ているのだけど、押しつけがましさは一

ライムとナンプラー、にんにくで味付けした「アボカドのオープンサンド」。ル・クルーゼのテリーヌ型で焼いた小ぶりの食パンを使う。この食パン、濃厚なバター感とみずみずしいクラムがクセになる美味しさ！ 型が少ないから、少ししか焼けないそう

切ない。凪のように穏やかな空気感とバランス感覚を持つ龍馬さんは、間違いなくこのお店の象徴だ。「龍馬くんがいる時といない時でお店の雰囲気がガラっと変わる」と言う人が多いのも頷ける。

沖縄に来てから、カフェの立ち上げに店長として携わったり、建築の知識と経験をいかし空間・店舗デザインを手がけたりした。人が集まり楽しむ空間を様々な形でつくってきた龍馬さんは、やがて自分自身のお店としての「箱づくり」に興味を持ち始める。そんな時、東京からやってきた女性ベイカーの焼いたパンを食べたらとても美味しかったのだという。「このパンがあったらいいなと思って、物件も決まっていなかったけど『一緒にやろう』と、彼女に声を掛けました」。

バイクで物件探しをしている時に偶然見つけたこの場所と、ベイカーとの

01 02
03 04
05 06
07 08

アンティークの家具やアートが絶妙に配置された店内は、そこにあるものすべてをゆっくり眺めたくなるほど、いちいち素敵 02 06 09 食パンを焼く赤いル・クルーゼ型、パンを焼くデロンギのトースターなどキッチンの道具も愛らしい。鉄製のパンラックは錆を磨いて使っている 05 晴れた日は、緑いっぱいのテラス席がとても気持ち良い 07 小さな鉄板に合わせた手づくりの棚で発酵を待つパン生地はなんだか生き

物みたいだ。 10 13 お洒落な友人宅のような心地よい「部屋」がいろいろ。お気に入りの空間を見つけるのも楽しい。 14 元スタッフで、今はプロの画家として活躍する女性が描いた絵も飾ってある。「層のある、深さのある絵。絵は人に見られたほうが良くなるから」と龍馬さん。 15 10食限定の「A. Mプレート」は、パンバスケット、人参とトマトのスープ、サラダのシンプルな朝食。自家製バターとジャムが付く

09 10
11 12
13 14
15 16

出会いによって、「プラウマンズ・ランチ・ベーカリー」は生まれた。7年前のオープン当初から4年間、初代ベイカーがオリジナリティーあふれる礎を築き、ストイックな職人タイプだった2代目ベイカーがレシピを少しずつ変え、3代目ベイカーは龍馬さん自身！ そして、今は4代目ベイカーが厨房でパンを焼いている。

小さな厨房で焼きあがるパンたちは、雑貨屋さんのようなアンティーク調のディスプレイにしっくりと馴染む。どのパンも個性的で独特の食感がたまらない。小さい頃から模様替えが好きだという龍馬さんの創る空間は、堅苦しさがどこにもない。過去の経験から、飲食店に必要なのは「食」だけではないと気づいていたそうだ。パン、料理、音楽、植物、家具、道具、アート……。「こういう場所にこういうものがあって、こういうふうに提供できたらすごくいいなっていうのがいつも最初にある。それに合わせてデザインするようにつくっています」。

住宅だった頃の面影の残った、部屋ごとに区切られた席に座るとまるで友人の家に遊びに来たような感覚になり思わず長居してしまう。ここに来て、

レトロだけど決して古びていない愛らしい道具が並ぶ調理場から、美味しそうな音と香りがあふれてくる。パンを選びながら、コーヒーを飲みながら、調理場の様子が見られるのも嬉しい。ゆっくり過ごせるので、席の予約がおすすめ

パンだけを買ってこの空間を全身で味わうことなく帰るのはもったいない。

昔から、パン屋さんという空間があったかくて好きだったという龍馬さん。カフェで長年働き、その大変さを知っていたからこそ最初はあえて店名を「ベーカリー」とし、パンを主軸にしていた。しかし気づけば自分が営んでいたのは「パンの食べられるカフェ」。「あぁ、僕カフェ好きだったんだなって最近思います」と龍馬さん。何かに導かれるように、カフェとともに歩んでいた。取材中も、丁寧に紡がれる龍馬さんの言葉とレコードから流れるエディット・ピアフの音楽が混ざってふわふわ浮遊した気分になる。美味しいパンとコーヒーを片手に過ごす時間は、この上なく自由で贅沢だ。

長い名前。わかりづらい場所。でも、一度来たら忘れられない、とっておきの場所。

Information

プラウマンズ・ランチ・ベーカリー

A_ 沖縄県中頭郡北中城村安谷屋927-2 T_ 098-979-9097
O_ 木～火 8:00～16:00 H_ www.ploughmans.net

№ 025 沖縄県

パン屋 水円

自然とパン

パンとスープ、心やすらげる時間を

大きなガジュマルの木。広い縁側の玄関。響き合う弦楽器の音楽と料理をつくる音。そんな情景が広がる「パン屋 水円」。店奥では店主の森下想一さんが窯を操りながら次々とパンを焼き、台所では奥さんの香《カオル》さんがランチの支度をしている。

進学のため沖縄に住むことになったという森下さんは、茨城県出身。理髪店を営んでいた祖父の影響で、自営業には元々憧れがあったという。では何を仕事にするか。発酵食品が多いインドネシアに留学していた経験もあって「やるならパンかテンペ（大豆をテンペ菌で発酵させたインドネシアの伝統食品）」と考えていた。そして同県のベーカリー「宗像堂」で働きはじめたことをきっかけに、パンの道に進むことになる。そこで、一番弟子として6年間修業した後、香さんとともに「水円」を開く。

店名の「水円」とは水が水面に落ちた波紋のイメージ。自分たちが心を込めてつくったパンやスープが食べた人の身体の中に沁みわたるようにと、想いを込めて名付けられた。

台所には、沖縄の言葉で焼き物を意味する「やちむん」の器がたくさん重ねられ、道具が使い勝手良く配置されている。その脇には大きめの蒸し器。中には伊江島の黒糖蒸しパンが入っていた。じつは「水円」のはじまりは屋台から。上等なオーブンや窯はなかったため、蒸しパンからはじめたのだという。「これはいちばん、想一くんらしいパン」と、香さん。

蒸しパンは森下さんにとって特別なパンだ。修業時代から練習も兼ねて

P138＿
水円の台所はお客さんから良く見える。パンを選ぶ時も、テーブルに座り食事を楽しむ時も、私たちは美味しい食事が生まれる過程を近くで感じられる

01
02

01 伊江島の黒糖蒸しパン 02 朝の掃除では、お店前の道の奥のほうまで掃く。この地に生かされているという感謝の気持ちがこの姿にも表れていると思う

CHAPTER 3   **The Pursuit for the Perfect Loaf of Bread** | bakery SUIEN

何度もつくり、その時々の想いをのせて、少しずつ味や大きさを変化させてきた。言うならば、森下さんと一緒に歩んできたパンだ。今の蒸しパンも多くの人に親しまれているが「地元のおじいちゃんおばあちゃんに、もっと食べやすいようにやわらかくしたい」とも。森下さんはあふれんばかりの優しさを込め、今日も蒸しパンをつくる。蒸し上がったパンはてのひらほどに大きくて、つやつやでふっくら。ちぎると黒糖の香りがふわりと香り、口に入れると甘みが広がる。「水円」では、宗像さんから分けてもらった酵母を、沖縄で採れる無農薬の玄米、紅芋、黒糖、小麦粉でかけ継いで使っている。師匠から引き継ぎ、ここ読谷《よみたん》の地で育まれた酵母だ。パンも酵母も生き物。暮らす土地によって、季節によって、日によって、状態が変化する。それは人間も同じこと。パン生地は手でさわる。てのひらを通して、その日のつくり手の想いやコンディションが生地に伝わり、同時に、手で触れることで生地や酵母の機嫌を確かめながら呼吸を合わせて形をつくる。その時々のパンに表れる変化を通して、酵母も自分

蒸しパンとともに、香さんがつくるかぼちゃのスープをいただく。かぼちゃの甘みが身体中に広がっていくようだ。ゆっくりと心を込めてつくられたことが想像できた

たちも生きていることを感じるのだという。これが「水円」のパンだ。

森下さん夫妻は、ロバの「わら」、猫の「やまさん」、うさぎやにわとりと一緒に暮らしている。パンをつくるのは、動物にエサをあげたり愛情を注いだり、時にはこちらも何かを受け取ったりするような関係性と似ているそう。「水円」は大切な命と一緒に動いているのだ。香さんも「毎日がせわしなくすぎていく中で、どっしりと安心して平和に暮らせるよう、身近な自然にそっと祈り感謝しながら、これからもささやかにお店を営んでいけたらと思っています」と話す。

そんな「水円」には様々な人が集い、たくさんの明るい笑顔で満ちていた。あたたかい風景に出会える瞬間がよろこびであり活力だと香さんは話すが、その根源は、人の縁や気持ちを包み、そっとあたためてくれる、森下さん夫妻がつくる空間なのだろう。

「水円」を訪れたら、パンとスープをゆったりと味わって、そこに流れる時間を感じるままに楽しんでほしい。

水円の食卓はいつも賑やか。ご近所さんはもちろん、旅で沖縄を訪れた人までたくさんの人たちが訪れる。懐かしい茶屋のような店内、緑が気持ち良い庭、どちらも心地よい

Information

パン屋 水円(スイエン)

A_ 沖縄県中頭郡読谷村座喜味367 T_ 098-958-3239

O_ 木〜日 10:30〜売り切れ次第終了 H_ www.suienmoon.com

№ 026 北海道

ソーケシュ製パン×トモエコーヒー

自然とパン

暮らしの中からつくる、毎日食べられるパン

　北海道喜茂別町の豊かな自然の中に「ソーケシュ製パン×トモエコーヒー」はある。店名にある「ソーケシュ」は、お店がある場所で前オーナーが営んでいた喫茶店の名前で、アイヌ語での地名だそう。「トモエコーヒー」はオーナー今野祐介さんの妻・智江さんが淹れる自家焙煎コーヒーのこと。

　この地でパンを焼く今野さんがパンの世界に入ったのは、料理学校を卒業後、ドイツ、オーストラリアでの料理人を経て、埼玉県のパン屋さんで働くようになってから。そこでパンづくりの基礎を学びながら、同時に早く、安く、安定したパンづくりのために添加物など様々な材料を入れることが気にかかり、調べていくうちに天然酵母のパンに行き着いた。同じパンなのに別物のような違いに驚き、その後、北海道洞爺湖町《とうやこちょう》で兄とパン屋をはじめた時から、天然酵母のパンを焼きはじめた。薪窯はその頃から使用している。

　2013年に独立し、喜茂別町《きもべつちょう》に移り住み、現在ではカンパーニュやライ麦パンなど10種類ほどのパンを焼いている。北海道産小麦、小麦酵母、オホーツクの塩、そして窓から見える羊蹄山に汲みに行く湧き水を基本の原材料に「それだけでも味を感じることができ、飽きずに食べてもらえるパン」をつくり続けている。現在、唯一のスタッフである女性は最初カンパーニュが食べられなかったそうだが、いまでは逆に一般的なパンが食べられなくなり、体質が変化してきているという。「そういう変化を聞けると嬉しいですよね。本当はカンパーニュ、ライ麦パン、パン・ド・セーグルとか、毎日朝も晩も食べられるような食事パンだけをつくっていけたらと思っています。僕たちは店を経営するとかではなく、パンを焼きながら、この土地で暮らしていくことが大切なので、あまり売るということに引っ張られないように、つくっていて楽しい、暮らしに必要なパンをつくっていきたい」。

　北海道の中でも雪が少ない土地に生まれ育ったため、雪がたくさん降る場所を選んだという今野さん。冬にはマイナス20度から30度になり、見える景色がすべて真っ白になる様子は本当にきれいだそうだ。この土地で今後は農業や自然エネルギーにも取り組んでいきたいという。その土地だからできる暮らしがあり、つくり手の暮らしの流れの一環であるパンづくり。お店に並ぶパンには、人と自然の力が宿っているような気がした。そこにはコーヒーの良い香りも漂っている。

Information

ソーケシュ製パン×トモエコーヒー

A_ 北海道虻田郡喜茂別町字中里185-1　T_ 0136-33-6688
O_ 木～月 10:00～17:00　H_ www.facebook.com/sokesyu/

多くのお客さんは大きなパンもそのままホールで買っていく。パンが日々の食事に馴染んでいるようだ

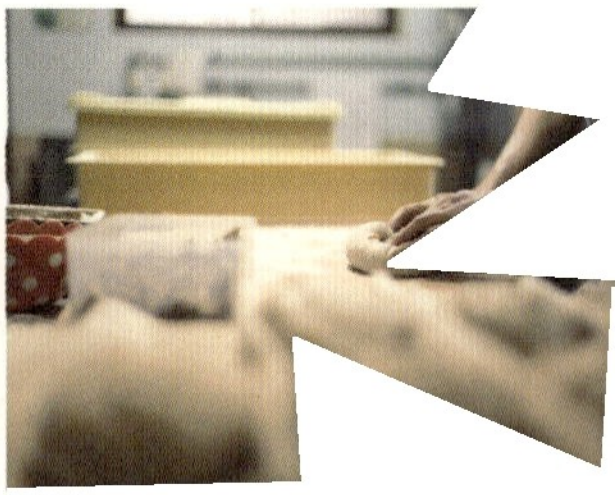

01 02 03
04 05 06
07 08 09
10 11 12

01 近くにあるタカラ牧場。ここのチーズを使ったパンもある 02 05 07 11 16 18 ちょっとした置物や壁に貼られた写真、描かれたイラスト、家具など既成品にはあまり興味がないという今野さんが自分で集めた、古さを感じさせながらも、その木や鉄、ガラスなどの素材感に温もりがある空間はとても居心地が良い 03 06 13 20 毎日のパンづくりは朝3時にはじまり、昼ごろに終わる。薪窯は大工のいとこと一緒につくり上げた 04 08 15 17 東京の名店で学んだという前オーナーから焙煎機と技術を受け継いだ本格的なコーヒーは智江さん担当。生豆の選別から行うため、雑味がない味わいになる。そして焙煎してから一月ほど置いてお

くと豆が落ち着くそう 09 22 イチジクが乗ったオープンサンドはパンの酸味とイチジクの甘みがちょうど良く、食が進む。もちろんコーヒーと一緒に 12 23 イートインのスペースは気持ちの良い日が差し込む。窓から見える景色ものどかで時間の流れがゆったりと感じられる。ここで使われているテーブルとスツールは近所の会社の食堂で不要になったものを気に入り、安く譲ってもらったもの 19 尊敬するカヌーイスト・作家である野田知佑さんに書いてもらったもの 24 標高約1,900メートルの羊蹄山。そのよく整った形から別名「蝦夷富士」とも呼ばれる。この山で雪や雨が時間を掛けてろ過された湧き水を使っている

13 14 15
16 17 18
19 20 21
22 23 24

№ 027 Portland, OR, USA

Little T American Baker

パンが繋ぐコミュニティ

フードコミュニティを支えるアルティザンベーカリー

近年続々と腕のある若手シェフがポートランドに移り住み、その中でも注目されるエリア・ディヴィジョンストリート沿いに「リトル・ティー・アメリカン・ベイカー」がある。店に入ると一際目を引くのが壁に大きく掲げられた「flour, science, hands & heart」という4つのメッセージ。ここでつくられるパンのすべてを物語っている。

店名にある"T"はオーナーシェフベーカーであるティム・ヒーリー(Tim Healea)さんの頭文字から来ている。彼はニューヨークの料理学校へ通っていた頃、授業では習わなかったパンづくりを趣味ではじめたことがきっかけで、そのすべての工程に魅了されたという。ぶどうから自家製酵母を起こし育てはじめ、いつの間にか学校から帰ると自宅でパンを焼くのが日課になっていた。

卒業後、ポートランドに移り住み、ベーカリーで働きはじめる。自分がパンについて学べることはすべて挑戦したいという想いで、9年間修業した後に独立。伝統的な製法に敬意をはらいながらも、それをさらに応用させ、従来の"クラフト"という概念を少しずつ進化させていったという。

そんな彼がここポートランドで店を構えるきっかけとなったのは、そのコミュニティの豊かさにあるという。彼にとっていちばん大切なのはパン職人たち。「現在はパン製造、ペストリー、販売合わせて18人のスタッフで賄っていて、このサイズ感がとても気に入っているんだ。店を大きくして、支店を増やしてしまうと、パンのクオリティを保つことが難しくなってしまうから」。店を大きくするために新しい職人を次々と雇っていると、その店がもつ実績や専門性、クオリティが保ちづらくなる。「この規模であれば、みんな僕のことを知っているけど、もし店ばかりが増えていったら、誰も僕のことを知らなくなってしまうでしょ。だって僕はたったひとりの存在だから。自分が焼いたパンに誇りをもつことがとても重要だし、僕たちは家族のようだから、ここと ダウンタウンにある小さなお店で十分なんだよ」。

朝が早いパン職人の彼は、仕事以外の時間をつくることもとても大切にしている。「仕事ばかりが忙しくなってしまうと生活の質も下がってしまうしね。僕たちには幸せなオーナーがいて、幸せなパン職人がいるから、もちろん

オーナーシェフのティム・ヒーリーさん。毎日8種類の生地から7〜12種類ほどのパンを焼く。チャバタやバゲット、カンパーニュなどシンプルな食事パンから、アナダマブレットというニューイングランドの田舎パンをリメイクした創作パンも多い

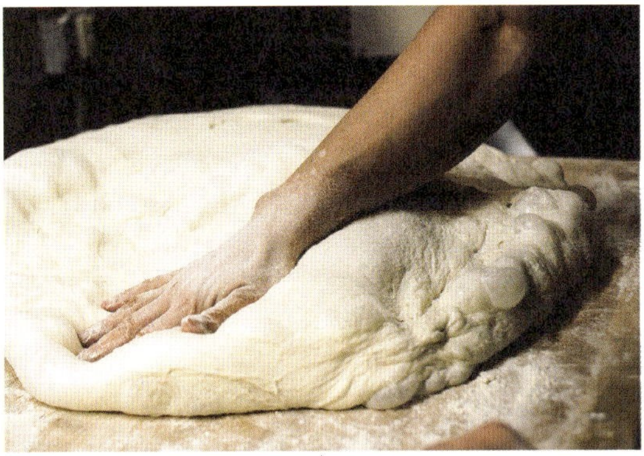

フォカッチャの生地を成形中。高加水の生地はティムさんの手が触れるたびに弾力が増す。彼らのパンは低温長時間発酵が基本。バケットは20時間以上も待つという。長時間生地を寝かせることにより、粉の旨味が増し、風味豊かなパンに仕上がる

パンもそれを食べるお客さんも健康で幸せでいられるんだ。つくり手もみんな近くに住んでいて、お客さんも地元の人ばかり。だから本当に家族みたいな関係性を築けるんだ」。

彼のパンを求めお店にやってくるのはお客さんだけでない。今ではおよそ25店舗のレストランにパンを卸し、シェフたちからも熱い信頼を得るようになった。特に彼が営業をしているわけでもないが、近所に住むレストランのシェフたちが以前から飲み仲間であったり、フードイベントでのコラボレーションしたりしたことがきっかけでパンを卸すようになったところもあるという。

ここでは小麦と水から起こすサワードウに加え、アメリカのベーカリーには珍しく自家製酵母を起こしているのも特徴のひとつだ。ビール酵母やルバーブのシロップ、薔薇やワイルドライスなど、さまざまな旬の素材から酵母を起こすことに興味あるという。「ここで働くパン職人は年に一度必ず長い休暇をとっているから、その間は誰かが必ずパン種を守れるように心がけているんだ」とティムさんは言う。

パンに用いる粉は創業以来ずっとアイダホ産の小麦を使用している。畑にはポートランドから車で6〜8時間ほどで行くことができ、あたたかく乾燥している風土を生かし、パンづくりにとても適した小麦粉が採れるそうだ。昔は日系の農業者が多い地域だったこともあり、元々は日本麺（うどん）のために開発されたものが、いつからかアルティザンベーカリーのためにパン小麦を中心に生産されるようになったんだとか。店で使用する野菜や果物などは地元の農家から直接仕入れることも大切にしている。

パンを通して生産者、つくり手、消費者が自然に繋がり、新たなパンの楽しみが生まれる。職人の技術、その手から直に伝わる想いが集結し出来上がるパン。ここはまさにコミュニティの中心にある唯一無二のベーカリーだ。

Information

リトル・ティー・アメリカン・ベイカー

A_ 2600 SE Division St, Portland, OR, USA
T_ 503-238-3458 O_月〜土 7:00〜17:00、日 8:00〜14:00 H_ littletbaker.com

工房にはペストリー担当が常時ふたりほどいる。季節の果物を使ったフルーツタルトやデニッシュ、地元「Jacobsen Salt（ジェイコブセン・ソルト）」の塩を使ったチョコレートブラウニーも絶品

トーストの上にハムチーズ、カリッと焼き上げた目玉焼きをのせて。コーヒーを合わせれば最高なモーニングセットの出来上がり

苺とビーツ、フロマージュブランを使った酸味と甘味が絶妙な華やかな一皿。繊細な味覚と盛りつけのセンスの良さが光る。パンはリトル・ティー・アメリカン・ベイカーから仕入れたスペルトブレッド

№ 028 Portland, OR, USA

MÅURICE

パンが繋ぐコミュニティ

コミュニティから仕入れるパン

すべてが可愛く、洗練された一軒。最低限の調理器具が慎ましやかに並ぶオープンキッチンがこの店の中心だ。ボーダーのカットソーを着て店名入りのエプロンをつけた女性たちがてきぱき働く。手描きのメニュー、壁のさりげない装飾、バゲットが立ててある陶器……この店にあるものすべてが、丁寧に選ばれ、そして大切に使われていることを感じられる空間。
「フランスとノルウェーのアクセントを効かせたペストリーが、充実している食堂を開く」。オーナーのクリステン・マレーさんのアイディアを形にしたのが「モウリス」だ。はじめたきっかけは、このポートランドという街

Fika
currant + rosemary scone
rhubarb + pistachio tarte
nana's butter cookie 1.00
WHERE CHEFS EAT

のあり方そのものにあった。「いつでも農家の人々に会えて、人との繋がりを通じ、何がどこから来たのかがわかるライフスタイルにすぐ惚れ込んでしまいました」。メニューは食材からもらうインスピレーションによって毎日決まる。彼女が野菜と同じようにコミュニティから仕入れるのが、リトル・ティー・アメリカン・ベイカーのパンだ。スモーブローに使うスペルトブレッド、そして牡蠣料理に添えて出すバゲット。「ティム(リトル・ティー・アメリカン・ベイカーのオーナー兼シェフ)とはとても良い友人。彼のお店もシンプルなパンが好き。スペルトブレッドは私のお気に入りで、季節の果物や野菜との組み合わせを楽しみながらメニューを考えています」。店の中心に飾られたバゲットはシェフ同士の繋がりと、お互いへの尊敬の証だ。「モウリス」では、思わずため息が出てしまうほど愛らしいスモーブローをぜひ食べてほしい。北欧の伝統的なオープンサンド、スモーブローがクリステンさんの手によって鮮やかに生まれ変わる。その美しさと華やかさを、真っ白な店内がより一層際立たせる。人との繋がりを大切にするクリステンさんだからこそこの街で受け入れられ、こうして理想のおもてなし空間をつくり上げているに違いない。彼女が8年前に惚れ込んだこの街のコミュニティで、「モウリス」は今、愛される存在になっている。

p156_

オーナーのクリステンさんは2015年、アメリカの食文化に貢献したシェフやレストランに贈られる「ジェームス・ベアード賞」に“注目すべきパティシエ”としてセミ・ファイナリストにノミネートされた実力の持ち主。彼女が料理をつくる手元を見ているだけでうっとりしてしまう

Information

モウリス

A_ 921 SW Oak St, Portland, OR T_ 503-224-9921
O_ 火～土 10:00～19:00 H_ www.mauricepdx.com

№ 029 Portland, OR, USA

Chizu

パンが繋ぐコミュニティ

Information

チズ

A_ 1126 SW Alder St, Portland, OR, USA T_ 503-719-6889
O_ 日～水 15:00～22:00、木～土 15:00～23:00
H_ chizubar.com

チーズとワインを引き立てるバゲット

ダウンタウンにあるチーズバー。日本語に近いローマ字読みの店名の理由は、お店に入るとわかる。まるでお寿司屋さんのカウンターのようなつくりだ。木製のケースに並ぶのは地元オレゴン産を中心としたチーズ。「少しの量でも食べて楽しくなる寿司のような体験をチーズにも応用したかった」とオーナーのスティーブ・ジョーンズさん。ここでも「リトル・ティー・アメリカン・ベイカー」のバゲットが味わえる。「風味、食感どちらも気に入っている。サイズも好きだね」細長いバゲットは、チーズボードのサイズに丁度良いそうだ。

№ 030 東京都

Katane Bakery

パンが繋ぐコミュニティ

片根シェフの朝は早い。2時半には厨房に立ちパンづくりをはじめ、お店が開く7時には焼き立てのパンが並ぶ。小学生の頃から4時に起きて勉強したりするほど、早起きが得意だったそうだ。早朝のしんとした空気感が好きなんだとか

「カタネベーカリー」のパンはなんと150種類ほどもあり、少しずつマイナーチェンジしている。お気に入りはあるか聞くと「全部気に入るようにしている。順番に可愛がってあげる」と、片根シェフからやさしい答えが返ってきた。壁にはたくさんの予約メモ。どのパンにもファンがいる。朝一番にやってきた常連さんは「ここのパンがあると一日頑張れる」と嬉しそうだった。朝の店内では「いってらっしゃい」が飛び交う

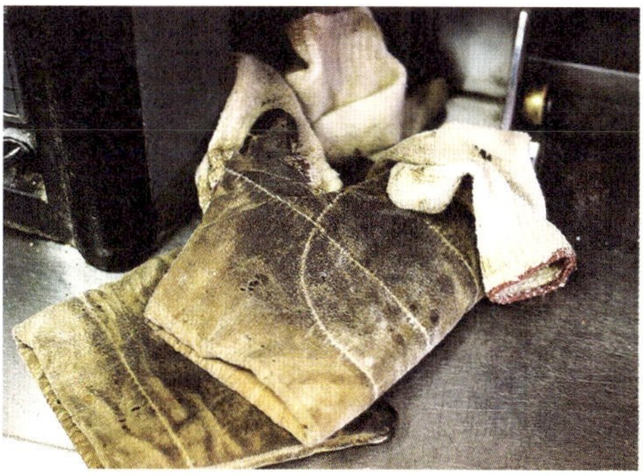

厨房にはフランスのラジオが流れる。厨房と売り場の壁には、小さな窓がある。「お客さんの様子が見たい」と、つくった窓だ。店内からは、厨房で働くスタッフの様子がよく見える。同様に、厨房からも売り場のお客さんの姿がよく見える。パンを買いに来た時、窯から続々とパンが焼き上がる様子が見えたらラッキー。忙しい厨房だが、片根シェフの感覚は常にお客さんに対して向いている

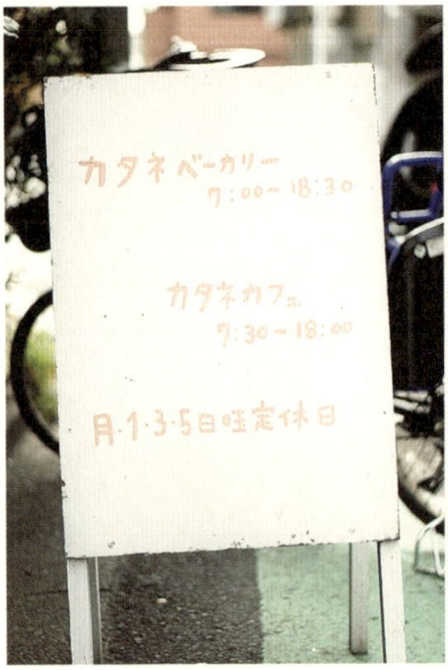

気持ち良さが地域を繋ぐ、ピースなパン屋さん

お店の場所探しをしていた時、空き地だったこの場所の前を通りかかり、直感的に惹かれたそう。2007年には地下に「カタネカフェ」をオープン。「カタネベーカリー」がオープンした頃、小学生だった子が20歳になり、「バイトしたい」と来てくれたと嬉しそうに教えてくれた

駅からほど遠い代々木上原の住宅街に「カタネベーカリー」がオープンしたのは2002年。オーナーシェフの片根大輔さん、智子さん夫妻は「毎日食べても美味しくて、身体に良いものをきちんとつくる。目の届く範囲のものを、目の届く範囲の人へ届ける。ただそれだけです」と語る。
「カタネベーカリー」のパンは、毎日生活に取り入れやすい価格帯。「いつもコンビニで100円パンを買っている人が、うちで買い物をしてパンの美味しさに目覚めてくれたら嬉しいなあ」。良いものをたくさんの人に食べてもらいたいという想いがお店の基本を支えている。「カタネベーカリー」は、誰に対しても開かれた「街のパン屋さん」なのだ。

片根シェフは音楽が大好きだ。今はクラッシックギターが休日の相棒だが、昔はエレキギター担当でバンドを組んでいた。20歳の時に地元・茨城から上京し、バンド仲間と音楽漬けの日々を過ごしていたが、地元のスタジオで出会った奥様との結婚を機に「家族をずっと支えていける生業」を考えることになる。そんな時「パン屋でもやったら」と、智子さんに言われたのがきっかけでパンの世界へ。音楽で智子さんに出会い、智子さんとの出会いがパンへの道を繋いだ。パン屋になると決めてからは、音楽はスパッと止めてパンづくり一本に集中。そしてパン職人としての腕を磨いていった。「はじめてみたら、コツコツ毎日パンと向き合うことが自分には合っていると思いました」と、振り返る。

じつは、片根シェフは数年前にすべてのパンに使う小麦を国産に切り替えた。北海道のある生産者さんの小麦を使ったことがきっかけで、それまでの国産小麦のイメージが変わり、その質の良さと面白さに目覚めたのだ。今では毎年、北海道の小麦畑に足を運ぶ。ある日突然小麦を入れ替えるとい

う片根シェフの大改革は、常連さんからの「美味しくなったね」という反応で手応えを得られた。何も言わなくてもファンは気づく、のだ。
「私たちはパンで喜んでもらうことしかできないよね。それで良いし、それがすべてだと思ってる」と、智子さん。パンで商売をするという以前に、地域に住まうパン職人に何ができるのか、という意識を持っていることがふたりの会話から感じられる。
「僕はパン屋ってすごく素敵な職業だなあ、と思います。身体が健康で、腕さえあればずっとパンが焼けて、それで家族を養える。年に一回はみんなで海外にも行ける。だからとても気に入っているんです」。そんなふたりが切り盛りする「カタネベーカリー」のファンにならない人なんていない。お店に一歩足を踏み入れた瞬間に感じるピースな雰囲気は、守りたい人がいる本質的な喜びのようなものから立ち込めている気がする。「カタネベーカリー」のファンになりたいし、その家族の一員にもなりたいのだ。お店の前までお客さんが並ぶのは日常の光景。近くの飲食店への卸が多いのも地域に愛されている証拠。確実に地域に根をおろし、今日も「みんなの街のパン屋さん」であり続ける。願わくば、隣に引っ越したい。

Information

カタネベーカリー／カタネカフェ
A_ 東京都渋谷区西原1-7-5 T_ 03-3466-9834
O_ 火～日（第1、3、5日曜日はお休み）7:00～18:30（ベーカリー）
7:30～18:30 ※L.O 18:00（カフェ）H_ www.facebook.com/katanebakery

「カタネカフェ」には時間帯に合わせた美味しいメニューが揃う。おすすめは早朝。美味しいパンを食べながらゆっくりと過ごす朝の時間は至福。「パリの朝食セット」では、バゲットやクロワッサンなど「カタネベーカリー」の人気パンが楽しめる

about KATANE BAKERY

カタネベーカリーを巡るアレコレ

みんなの街のパン屋だからこそ、人が集り、繋がっていく。それはお客さんだけではなく、スタッフも近所のお店もそう。その人気の秘密が少しわかるかもしれない3つのストーリー。

新麦ダイナー&トーク

2015.10.11 sun. @カタネカフェ

(左から) 進行役のパンラボ池田氏。オーナーシェフの片根大輔さん。奥様の智子さん。終始和やかな雰囲気で美味しい会が進む。小麦のお話も盛り上がる

食べて体験、カタネ家のバカンス

とある夜、「新麦ダイナー＆トーク～新麦とフランス地方料理。カタネ家と一緒にフランス一周～」と題された一夜限りの贅沢なディナーイベントが開催されました。20名のカタネファン(もちろん私もそのひとり)が集結。進行役は片根シェフとパンラボ池田浩明さん (P034～035参照)。

カタネファンの間では言わずと知れた話ですが、片根家は毎年夏のバカンスをフランスで過ごされます。「パン屋になった時から、一年に一回はバカンスに行くつもりだった」と、片根さん。フランスでの必需品はギターと本と海グッズ。“旅”というより、“暮らす”ように楽しむ滞在中の様子を「素敵だなぁ。どんなふうに過ごし、どんな食べ物を食べているのかなぁ」と、羨ましく思っていました。そんな私に、絶好の機会が到来したわけです。奥様の智子さんの手で再現された郷土料理を味わいながら、フランスのお話はもちろん、小麦やパンのトークも聞けるなんて、まさに夢のようなイベントでした。

テーブルの上にはメニュー。左は料理の名前、真ん中にはパンの説明(使用している品種名、小麦の生産者さんの名前や産地まで！)、右はワインの名前が書かれていました。

順番に料理が運ばれてきて、その料理とワインの話を智子さんが、パンの話を片根シェフがしてくださります。本を参考に再現された郷土料理の数々はどれも本当に美味しい！例えば、アヌシーに行った時に食べたという「タルティフレット」。とろりと溶けたルブロッションというチーズがポテトにかかったあつあつの一品。パンに乗せていただくとたまりません。実際に食べた舌を頼りに、思い出の味に近づけるそうで、片根家のフィルターを通して憧れの遠い地の味を楽しめることはファンにはたまらない喜びでした。それからこれには少しびっくりしたのですが、この日の料理とパンに合わせて出された自然派ワインは、智子さんが100種類ほど試飲して選んだそう！

小麦の生産者さんもいらしていて、自分の育てた麦がパンになりみんなに喜ばれる晴れ姿を見て、とても嬉しそうでした。和気あいあいと“カタネスタイル”で楽しむ夜。料理とパンとお酒のマリアージュを体感できた、美味しい食卓でした。

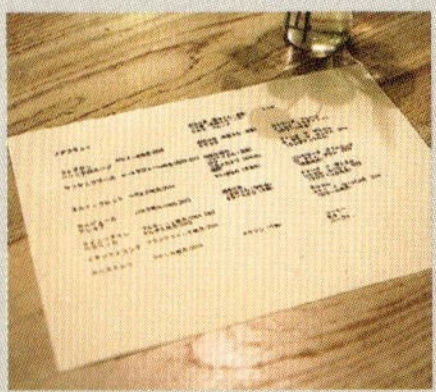

左から、この日のためのメニュー表。にんにくのスープに合わせて出された、カンパーニュビオ。爽やかな甘さのユメカオリを使ったプチパンとニース風サラダ。バスク地方の郷土料理「アショア」。ひき肉を使ったスパイシーな一品

スタージュカタネ

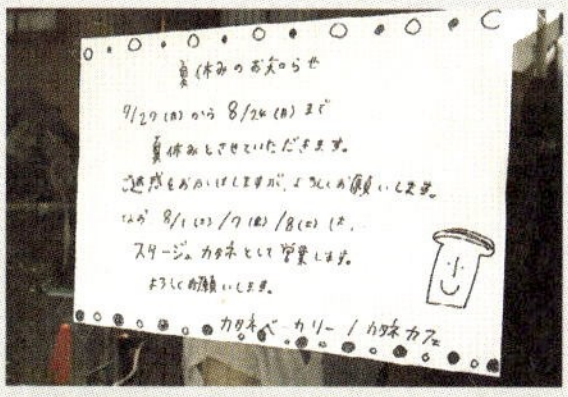

オーナー不在もスタッフを育てる

オーナー片根家の夏休み1カ月のバカンス期間中に数日、スタッフさんだけでお店がオープンする日がある。これが「スタージュカタネ」だ。「スタージュ」とはフランス語で「研修」を意味する。真夏のスタージュカタネでは、いつも通り笑顔のスタッフさんたちが迎えてくれる。「いつもと違うポジションに入ることで、ほかの人の大変さがわかる」と、スタッフの石黒さん。「カタネベーカリー」で働きはじめ、4年目だ。実家がパン屋さんで、将来は独立開業を目指している。普段は「カタネベーカリー」の"焼き担当"。みんなから繋いだパンを美味しく焼き上げる。

「スタージュカタネ」では、限定のオリジナルパンをつくる年もあれば、通常営業のときと同じパンをスタッフだけでつくり、オープンする年もある。今年はいつも通りのラインナップを普段の8割ほどつくったそう。片根シェフとスタッフの間に信頼関係があるからこそ「スタージュカタネ」は存在するのだと思う。「カタネベーカリー」で腕を磨いたパン職人さんたちの中には、独立した人もたくさんいる。国内のみならず、韓国やカンボジアにもいるというから驚き！

カタネイズムと美味しいパンは、こうして今日もじわりじわりと広がり続けていくのだろう。

№ 031　東京都

PADDLERS COFFEE

パンが繋ぐコミュニティ

美味しいコーヒーと味わう絶品ホットドッグ

「カタネベーカリー」のほど近くに旗艦店を構える「パドラーズコーヒー」はコーヒー好きだった松島大介さんと、コーヒーのエキスパート加藤健宏さんがタッグを組んで生まれたお店。アメリカ・オレゴン州ポートランドを代表するコーヒーロースター「STUMPTOWN COFFEE ROASTERS」の豆を扱う日本唯一の正規取扱店でもある。「人が集まる場所としてのコーヒーショップのカルチャーを日本に広めたい」という同店では、スペシャルなホットドッグが楽しめる。「祥端(ションズイ)」又は「リベルタン」のソーセージを「カタネベーカリー」のパンが優しく挟む。弾け飛ぶ肉汁と歯切れの良いパン。すべてが主役級。パン職人と料理人を「パドラーズコーヒー」が繋いで生まれた逸品だ。

Information

パドラーズコーヒー

A_ 東京都渋谷区西原2-26-5
O_ 7:30〜18:00　水曜休
H_ paddlerscoffee.com

№ 032 東京都

CAMELBACK *sandwich & espresso*

パンが繋ぐコミュニティ

技と真心でもてなす、粋な店

「鮨をつくるつもりでサンドウィッチをつくっている」。

着ているものが職人の白衣に見えてくるほど、手順も手元も繊細で無駄がなく、誠実さがうかがえる。その姿は誰にも触れられないオーラをまとってもいる。

成瀬隼人さんは高校卒業後に渡米、大学に通いながら鮨屋で働いた。その頃すでに、いつか独立してサンドウィッチ屋を開こうと考えていたそう。ブレッドが主流文化のアメリカに、美味しいと言えるサンドウィッチが少なかったからだ。日本人らしい感覚をもって、その土地の人が喜ぶサンドウィッチをつくろう、心を磨こうという想いから、日本で鮨を学ぶことに。本物を求め東京の名店に従事、ここでの5年間の修業が成瀬さんのベースとなった。

サンドウィッチへの気持ちは変わらず持ち続け、鈴木啓太郎さんと店を開くことになり、今に至る。コーヒーは鈴木さん、サンドウィッチは成瀬さんの仕事。18年来の友人同士、それぞれの交差点がこのお店だ。

p166 _
店名の由来は成瀬さんが昔過ごした、米アリゾナ州のキャメルバックマウンテン。ラクダの背中のコブがふたりの夢の象徴だ

01
02 03 04

01 香り高い「パルマ産生ハムと大葉、ゆずとバターの香り」にシルキーなミルクの「スモールラテ」 02 03 04 美しい手仕事がカウンターから見られる。待っている時間も楽しんで

朝晩の挨
関わりな
ク」には満ち広
る。
活気や愛される魅力、
る。
チのパンは、毎朝近所のパン
から調達する。「鮨屋
はとても似ていて、よくわかるからこそパン屋さんの気持ちや
ものせている」とパン屋さんへの感謝を表す。お客さんに対しても、鈴木さんと成瀬さんは一人ひとりの好みに合わせて仕事をする。「それは作業一つひとつのさじ加減と真心」と鈴木さん。このキャメルバック流おてなしの技と心で、忘れられない味が誕生する。

玉子サンドのパンは、桑名もち小麦でつくられた「カタネベーカリー」のコッペパン。もっちりかつソフトな食感の間に挟まる、玉子焼。和辛子も利く“鮨屋の玉子サンド”だ。玉子を焼く前には多めの油とコットンで銅ばんの表面をならし、だし巻きの土台をつくる。つややかな玉子の秘訣はこれだ。丁寧な焼きに見入ってしまう。そうして出来上がったサンドは凛と独り立ちしている。「キャメルバックをアメリカに持っていく」。今はその夢の中継地点。夢を想うふたりの姿はとても輝いて、頼もしい。コーヒーとサンドウィッチ、それぞれの中にある「キャメルバック」は強い意志を持ち、可能性は無限だ。

Information

キャメルバック サンドウィッチ&エスプレッソ

A_ 東京都渋谷区神山町42-2 1F T_ 03-6407-0069
O_ 火〜日 9:00〜19:00 H_ www.camelback.tokyo

玉子はしなやかに、
と、一定のペース
いていく。この美し
間に出会えたら幸

№ 033　三重県

桑名もち小麦　素材舎

パンが繋ぐコミュニティ

名が体を表す「もちもち」の小麦

三重県桑名市で食品の卸・小売を行う「素材舎」の保田与志彦さんが、もち小麦の存在を知ったのは2008年のこと。津市の製粉会社から「昔地元で試験栽培していた、個性的な小麦がある」と紹介され、その小麦でつくったパンを試食したところ、一瞬でもちもちとした食感の虜になった。それまで「素材舎」で扱っていた小麦は、ほぼ外国産。「地元産の小麦が町おこしに繋がれば」と考えた保田さんは農家さんに頼み込み、苦労の末、生産にこぎつけたのだ。

「カタネベーカリー」との出会いは、東京・青山で行われたファーマーズマーケット。「もち小麦でパンをつくってほしい」という保田さんのラブコールに応える形で誕生したのが、キャメルバックの玉子サンドに使われているコッペパンだ。「食感を前面に押し出すのではなく、ひとつの要素としてうまく引き出してくれている。はじめて食べた時の感動は忘れられません」と保田さん。職人とのコラボレーションで、もち小麦の可能性はこれからも広がってゆく。

「桑名もちプロジェクト」を立ち上げ、保田さんも農家さんと一緒に種植え、麦踏み、試作を繰り返した。地元のパン屋さんの協力で、認知度アップに

Information

素材舎(株式会社保田商店)
A_三重県桑名市和泉377-1 T_0594-22-6251 O_月～金 8:00～17:00 H_www.sozai-ya.jp

№ 034 群馬県

発酵所

地域に根付くパン

焼きあがった「ぺろんぱん」。お客さんからの要望で誕生した卵やバターを使わない発酵所流「めろんぱん」だ。ほかにも「でかくるみぱん」「しゅうとれん」など変わった名前のパンが発酵所にはある。ここにも秀さんの遊び心が散りばめられている。秀さん自身は、大きなパンを焼くのが好き

どこまでも自然体で、正直に

この夏で3周年を迎えた「発酵所」は、群馬県太田市にある。向かいは工業高校、隣には畑。のどかだ。オーナーシェフの松岡秀さんは元美容師。「小さいお店をやるなら、うちにしかできないパンをやりたかった。そもそもパン屋だと思ってない。“食べるもの”をつくっている。それくらいの感覚。だからパンじゃなくてもいいんだけどね」。秀さんはどこまでも正直だ。

美容師を辞め、ずっと続けられる仕事がしたいと思っていた。食べるのは好きだが決まりごとが多い日本料理より、まだ日本にはしっかりと根づいていないパンの世界に興味を持った。パン屋になると決めて10カ月ほどで、発酵所が誕生。「はじめはだっせぇパンだった」と振り返る。

日本人の身体に馴染みがよく、低温長時間発酵で消化のよいパンをつくっている。気泡をつぶさないよう生地はあまり触らない。気泡が均一になるのを避けるため、わざと生地に力をつけないようにしているそうだ。そのため「発酵所」の生地はゆるゆる。ばんじゅうから流れ出すリュスティック生地はアメーバみたいだった。パンというより炊き立てのお米やお餅の食感に近い、なめらかで不揃いな気泡を持つ艶やかなクラム。その独特の食感に思わず瞬きした。驚くほどみずみずしい。「食べやすく、できるだけシンプルなものをつくりたい。リュスティックの生地がいちばん好き」。リュスティックは、一度食べたら忘れられないもっちり感。意外にも、和の素材やお惣菜との相性も抜群。和食好きの秀さんらしい、発酵所のいわば白米のようなパンなのだ。

パンの名前が書かれたプライスカードは秀さんの手描きだ。ゆるい。シンプルで温もりのある店内。現在キッチンカーでのサンドウィッチ販売を企画中で、いずれはカフェスペースもつくりたいそう

「発酵所」では、国産小麦のみを使用している。もちもち感が好きなのだそうだ。いろいろな粉を試してみた中で、お気に入りは「キタノカオリ」。酵母はグリーンレーズンから起こしたものと、小麦から起こしたものの2種類を併用している。「気になったことはやってみる」というスタンスで、酵母を起こすのも興味があるから。自分であんこを炊くのも「全部自分でやったほうがいいかなって思ったから。こんな適当な奴でも、こんなにできますよって。みんながそれを見てやりたくなってくれたら」と、あっけらかんと話す。

　畑も案内してくれた。どの作物もワイルドに成長中。新玉ねぎ、キタアカリ、枝豆、梅、なす、しそ、バジル、ブルーベリーなど、発酵所産の農作物がパンに季節の彩りを添える。畑からインスピレーションを受け、旬のサンドウィッチやパン、酵母が生まれる。

「変化も楽しんでもらえたら。パンも日々進化していくし、変なパン屋が成長していく姿を楽しんでもらえたら嬉しい。みんな同じようなパン屋だったら、つまらないでしょ」。気取らなくて、新しい。縛られないし、とらわれない。だから「発酵所」は面白い。

発酵所の畑。「地産地消が当たり前になってほしい」。厨房でパンをつくる姿よりも、きゅうりを収穫している秀さんの姿のほうがよりナチュラルに見えた。このきゅうりがまた美味しくて、当たり前に無農薬。季節の素材はパンにいかされる

Information

発酵所

A_ 群馬県太田市茂木町346-5　T_ 080-3085-6814　O_ 水〜日 11:00〜18:00
H_ ameblo.jp/hakkojyo

№ 035 山形県

KOUB

地域に根付くパン

BREAD IS LIFE!

赤い三角屋根と白い壁。正面には小さな木の引き戸が一枚。ちょっとドキドキしながら開けると、目の前に現れた空間にぐっと心を掴まれた。「KOUB」は2014年、山形県山形市の郊外にオープンした。読み方は「コウブ」。「酵母」と「工房」から編み出された名前だ。店内は白が基調。その分、ショーケースに並んだパンの焼き色がよく映える。三角屋根をいかした高い天井には天窓があり、光がやわらかく降り注ぐ。とにかくここは居心地がいい。

ふと、販売されているオリジナルエコバッグに目をやると「BREAD IS LIFE！」の文字が。「KOUB」のコンセプトのようなものだという。日常にパンがある幸せ一その想いは、そのままパンに表れていた。「KOUB」にはなんと約10種類もの食パンがあるのだ。食パンだけでここまで選択肢が多いことに驚いた。「毎日の暮らしの中で、いちばん口にするパンをメインにしたかったから」。店主の峯田浩信さんがそう教えてくれた。実際、食パンを求めて「KOUB」を訪れ

01
02 03 04 05

01 一日3回焼き上げる人気の「湯種食パン」 02 03 04 「あと5%美味しく」がKOUBで働くスタッフ全員のモットーという峯田さん 05 山形の寒暖の差から生まれた甘いフルーツをたっぷり乗せたデニッシュ

る人は多い。最も人気が高いのは「湯種《ゆだね》食パン」。もっちりとした食感が最大の魅力だ。さらに「KOUB」のパンには、山形で育まれた素材が欠かせない。「パン・オ・ミエル」に入れる県産の栃ハチミツ、「やまべ牛乳パン」の仕込みや「クリームパン」のカスタードに使われる県産の「やまべ牛乳」、そして極めつけは山形の甘いフルーツ。この日は、朝届いたというピオーネがデニッシュを飾っていた。ほかにもさくらんぼやラ・フランス、ブルーベリー、桃など、季節に合わせて旬のデニッシュが登場するという。なんて贅沢なんだろう。

「パンは、どう焼き上がるかオーブンから出してみるまでわからない。だからつくるのが楽しい」と峯田さんは笑顔を見せる。「それにつくり手のワクワク感って、きっとお客さんにも伝わっていると思うから」。そんな「KOUB」のパンはいつだって一期一会の喜びにあふれている。春も夏も秋も冬も。

06
07 08 09 10

06 焼き上がるごとに並べられていくパン。ディスプレイとしても魅力的だ *09 10* 全国から注目を集める山形のデザイン事務所「アカオニデザイン」が外装・内装とパッケージのデザインを手掛けた

Information

コウブ

A_ 山形県山形市成沢西2-8-11 T_ 023-665-1188
O_ 月・水〜金 10:00〜19:00、土日 9:00〜19:00 H_ www. koub.jp

11 *11* 美しい木目のような「デニッシュ食パン」 *12* クグロフ型で焼かれるかわいい「クリームパン」。次々に焼き上げられていく食
12 パンの香りにときめいた。「KOUB」の魅力はなんといっても食パンの種類の豊富さにある。最近では地元山形からだけでなく、
宮城など県外から訪れるお客さんも増えているそうだ

№ 036 神奈川県

OLIVE CROWN

地域に根付くパン

パンで笑顔を歓迎したい

「パンを通じて、何かを表現したいんですよね、きっと」。店主の長岡亜希子さんの照れた笑顔が眩しい。川崎・武蔵新城の商店街のはずれにある小さなパン屋「オリーブ・クラウン」には、平日にもかかわらず、12時の開店から待ちかねていた多くのお客さんが詰め掛ける。ソーセージとコールスローが挟まったサンドウィッチ、焼きたてのカンパーニュとパン・ド・ミ、そして、名物のふすまパン。ショーケースに並べられた特製のデリもみるみるうちにどんどんなくなっていく。しかし商品が途切れることはない。長岡さんが手際よく次から次へと商品を補充していくからだ。

店のシンボルは、もちろんオリーブ。パン・ド・ミにはオリーブの葉冠の焼印が押され、軒先には「歓迎」の意を表すようにしっかりとオリーブの樹が枝を広げている。豊穣と平和の象徴であるオリーブを冠したパンは、すべての工程が長岡さんひとりの手によるものだ。所狭しと厨房を忙しく動き回りながらも、お客さんそれぞれと会話を交わし、笑顔を絶やさない長岡さんは「パンで人々の気持ちを繋げたい」と想いを語る。絵を描くことでもなく、歌を歌うわけでもなく、自分がつくったパンを食べてもらうことで人と人との心が交われば、それが自分の表現になるかもしれない。慎ましくも大志を抱いたベーカリーを開くことは、長岡さんにとって自然な選択だった。

p178 _
オーガニックの小麦を使った味わい豊かなカンパーニュ。焼きたてを頬張ると香りが広がる

01
02

01 ジューシーなソーセージと人参とセロリのサラダが挟まったサンドウィッチ。フィリングは日によって異なるという
02 パン・ド・ミには「オリーブ・クラウン」のシンボルのオリーブの葉冠の焼印が押されている

CHAPTER 3   **The Pursuit for the Perfect Loaf of Bread** | OLIVE CROWN   *180*

だからこそ、家族に振舞うような気持ちでパンをつくりたい。「オリーブ・クラウン」のパンは生地改良剤や添加物、ショートニングなどを使わず身体に安心な素材を選んでつくられている。小麦はオーガニックのものを数種類用い、酵母はルヴァン種、サワー種、自家製酵母をパンの種類に応じて使い分けている。こだわりの素材選びはそれだけではない。フィリング(具材)に使われる野菜や果物は、親交のある八ヶ岳の農場からわざわざ取り寄せている。長岡さんは一年に数回、必ず農場を訪れ作物が育つ姿を確認し、農作業を手伝う。「命が育つ場所を目の当たりにすると何も無駄にはできない」。生命そのものへの敬意も、長岡さんがつくるパンには込められている。

2畳ほどの決して広くはない店内で譲り合いながら、笑顔でパンを選ぶお客さんたち。普通のパンの半分ほどの大きさの「はんぶんぱん」をしっかりと手にしているのは、幼稚園児ぐらいの子どもだ。遠方から来たというご婦人は、低糖質ながらも食物繊維や鉄分などの栄養分たっぷりな「ふすまパン」を買い求めていった。素材と製法にこだわったパンだから「美味しい」のはもちろんなのだが、やさしさと思いやりの詰まった長岡さんのパンはそれ以上に、確かに人々の気持ちを繋げ、笑顔の輪をつくっていた。

p180_
03 04
05 06

03 丁寧に一つひとつの工程を素早くこなしていく長岡さん 05「オリーブのパン」はお酒のつまみにもぴったり

07
08

07「パンのことを考えていない瞬間はない」という店主の長岡亜希子さん。製造の工程をすべてひとつの工房で行うオールスクラッチという製法をひとりで行いながら、作業の合間に笑顔でお客さんと会話を楽しむ

Information

オリーブ・クラウン

A_ 川崎市中原区上新城2-7-19 ダイアパレス116 T_ 044-740-9655
O_ 月～金 12:00～19:30、土日祝 12:00～18:00 H_ www.olivecrown.tokyo

№ 037 山梨県

Boulangerie PainPepin

地域に根付くパン

パンで幸せの種をまく

甲府の広い景色の中にある「パン・ペパン」。木材と白を基調とした店内に、やさしい顔のパンたちが整列している。サンドウィッチや焼き菓子などを合わせて65種ほど。季節と地元のものをいかしたデニッシュやタルティーヌなども並ぶ。ご近所さんに人気の食パンは、まずは何もつけずそのままいただくのが極意だそう。オープンして1年半ほどだが、すっかり街のパン屋さんとして馴染んでいる。「生まれ育ったこの地域を元気づけたいという想いで戻ってきた」。シェフ・鷹野和仁さんは学生時代から地元でパン屋を開きたかったという。11年間の修業を経て、パンコーディネーターでもある奥様の舞さんと実現させた念願のお店のコンセプトは「“美味しい”は人を幸せにする」。

山梨県産の「ユメカオリ」や北社市産の卵など、地産地消を考えた素材を中心にラインナップし、シェフは日々器用な手先でパンを焼き、舞さんはお客さんと心で会話をし、新しいアイデアを発見するという。価格も毎日食べてもらえるようリーズナブルに。そうやって地元のサイクルに溶け込んできた。

シェフの自慢はクロワッサン。修業時代、名店で培ってきた経験の結晶だ。バターがしっかりと香り、凛としていて安心する味。物静かに話をするシェフには野望がある。「やさしいパンと言われるので、もっとワイルドな

01 02
03 04

01 シェフ鷹野さん 02 生地を切り分ける美しい器具 03 クロワッサンをつくる繊細な手もと 04 ペストリーは街のみんなの美味しいおやつ

ものを焼きたい。それでつくったのが、これ」と指すのはハード系の新作のセレアル。シェフはとにかく真摯にパンと向き合う。

「どんなに美味しくても接客次第で味の印象が変わってしまう」。そう話すのは売り場のリーダーでもある舞さん。これだけきちんと並んだパンはなかなか見ない。「パンを重ねてしまうのはかわいそう」とも言う。それはシェフに対する尊敬と、お客さんへ伝え届けることへの責任や、パンコーディネーターとしての探究心の表れなのだろう。お客様に心地のよい環境を、とお店の設計も研究した。前向きに熱心で、まわりに元気を与える人だ。

想いを形にしてきたふたり、今後は地域の皆さんに、笑顔の食卓を届けるために、まずは定期的にワークショップを行ったり、レシピを載せたパン通信などを発信したりしていきたいそう。パンの楽しみ方を伝えていくことで、バゲットやワイルドなセレアルもより身近に感じられるようになるはずだ。

パンはふたりにとって幸せの「Pepin(種)」なのだろう。パンへの愛があふれ出ている「パン・ペパン」。地域へ想いを膨らませ、美味しいパンと美味しい笑顔をこれからも届けていく。

05 06
07 08

05 この日のバケットもすぐに売り切れた 06 もっちりな食パンは街の必需品 07 クリームパン、メロンパン、あんパンの懐かししパントリオが隣り合わせ 08 穀物がたっぷり入った焼き色きれいなセレアル。中はもっちり

Information

ブーランジェリー パン・ペパン

A_ 山梨県甲府市塩部3-1-31 T_ 055-253-3380
O_ 木〜月 10:00〜19:00 H_ www.facebook.com/painpepin

Nice style salad sand ニース風サラダサンド

お店でも人気のニース風サラダサンド！ご自宅でも簡単に美味しくつくれます。

・チャバタ（プレーン）…… 2個
・グリーンリーフ★…… 2枚
・ミニトマト★ …… 2個（1/2cut）
・無塩バター …… 少量

〈A〉
・ツナ …… 100g（油をよく切る）
・黄パプリカ★ …… 12g（1cm角cut）
・黒オリーブ …… 15g（輪切り）
・イタリアンドレッシング …… 6g
・マヨネーズ …… 25g
・ガーリックパウダー …… 少々
・ハーブソルト …… 適量
・ブラックペッパー …… 適量

下準備

1. バターは常温に戻しやわらかくしておく。
2. 〈A〉すべての材料をボールに入れ混ぜておく。
3. 野菜（★）は水洗いしたあとペーパーで水気を取りそれぞれカット。
グリーンリーフはチャバタの大きさに合わせ手でちぎる。
4. チャバタは横から斜めに切り込みを入れる。

つくり方

5. チャバタの切り口（両面）にバターを薄くぬる。
6. 下からグリーンリーフ、
2.を乗せ（お好みの量、50g位がオススメ）
全体に広げる。
ミニトマトを切り口に飾り完成！

ポイント

〈A〉のハーブソルトはパンに挟んだときの
バランスを見ながら多めに。
ブラックペッパーもツナのにおい消しと
アクセントになるので多めに。

№ 038 栃木県

KANEL BREAD

地域に根付くパン

パン、人、店、そこにしかない一期一会

栃木県那須塩原市。2013年5月、黒磯駅の目の前に「カネルブレッド」はオープンした。アッシュグリーンが目を引く、三角屋根のかわいらしい建物は、築100年以上の歴史があり、明治の頃は黒磯で働く人々の食料庫だったそう。時代を超え、またここで人々の日々の暮らしの糧となる「パン」が焼かれているなんて、何だか素敵だ。

シェフの平山翔さんは、一度は企業に就職したが「人生をもっと豊かにしたい、シンプルで楽しい生き方をしたい」と転職を決意。人を喜ばせることを仕事にしたいと思い、自分にできることを探して全国各地を旅して回った。パンにのめり込むきっかけになったのは、吉祥寺のパン屋「ダンディゾン」の木村昌之シェフとの出会いだという。「こんなに格好良く、パンづくりを楽しんでいる職人さんがいるのか！って。一緒に働いたことはありません。つくり方を見せてもらったわけでもない。ただ、食べさせてもらったパンの数は半端じゃなくて。パンについての会話を交わし、そこからたくさんのことを教えて頂いた」と語る。ちょっと不思議な師弟関係。そんな木村さんの姿を、翔さんは今でも追いかけている。

長く製菓を担当していた黒磯の「1988 CAFE SHOZO」、長野のパン屋さんを経て、当時ビストロを経営していたオーナーに、「カネルブレッド」の立ち上げに誘われ参加した。「一緒にやろうって誘われていなかったら、パンづくりはやめていたと思う」という翔さん。今はパンが楽しくて仕方がないのだそう。

じつはパン屋で働いた期間は半年だけだった。だから固定観念に縛られず、製法も成形も自由なスタイル。独特の感性で、美味しいパンをつくる翔さん。ハムやベーコンも自家製にこだわる。「楽しく気持ちよくつくりたいと思っています。無理のない範囲で、できるものは1からつくる。体にもやさしいし、なにより美味しいから。僕も使っていて気持ちが良い。そういうつくり手の感情はパンに伝わると思っています」。朝日が差し込む店頭には、たくさんのパンが気持ちよさそうに並んでいた。

黒磯という小さな町の人々に、暮らしを彩るワクワク感を提供したい。そうしたらきっと街の人たちが喜んでくれたり、自慢に思ってくれるかもしれ

p186＿
上:ロデヴは石臼挽全粒粉を多めに配合した風味あふれる超加水パン。下:北海道の前田農産の小麦をベースに配合した、味の濃いバゲット

自分が使っていて気持ち良いものしか使わないというポリシーのもと、ベーコンやハムも自家製にこだわる。日によって40～50種類ほどのパンが並ぶ。豊富な焼き菓子も人気

ないという想いがお店を動かしている。「舌に刻み込まれるくらい記憶に残るパンの味はもちろんのこと、それと同じくらい大切にしているのはお店に来たときの心地よさ。こうしたら喜んでくれるかもしれないという心配りと、こうしてほしいと求められていることを行う気配り。足らなすぎず過剰すぎず。絶妙ないいバランスを提供できるようにチームカネルは動きつづけています。それはパンづくり、接客、お店づくりのすべてに通じることです。パン生地と同じでお店も生き物。同じ瞬間は二度とないから、一期一会を大切にしていきたい」。

こんなことがあった。ある日ひとりの男の子がやってきて、特注のパンを予約してくれた。当日、受け取りにきたのは女の子。名前を告げると出てきたのは“女の子の名前入りの大きなメロンパン”だった。好きな女の子への誕生日プレゼントだったのだ。想いをパンが繋いだ。

美味しいパンを中心に人を繋ぎ、地域を盛り上げる。「大切な日にはカネルのパンを」。そんな合言葉が町に広まる未来が見えた気がした。

Information

カネルブレッド

A_ 栃木県那須塩原市本町5-2 T_ 0287-74-6825 O_ 水～月 8:00～18:00 H_ www.kanelbread.co

スタイリッシュなのにあたたかみのある店舗は、オーナーの岡崎哲也さんのデザイン。カネルブレッドのパンは黒磯にじわじわ浸透中。老若男女に愛されるやさしいパンが揃う。バスを待つおばあちゃんたちも「本当に美味しい」と幸せそう

シナモンロールや木の実のタルトなどおやつに食べたくなる甘い商品も豊富。自分たちが食べたいものをつくっているという。チームカネルは食いしん坊揃いだ

機材を買い足し、第2ステージに突入した「カネルブレッド」。パン屋一本で強化中だ。最近仲間入りしたクロワッサンは早くも大人気。セクシーなお尻を持つアメリカンなクロワッサンはミルキーでシルキー

KANEL BREADと楽しむ夜パン、昼パン

まず自分たちが楽しむこと

お店がオープンしている間、チームカネルは一丸となってお客さんをもてなす。そんな彼らは、どんなふうにプライベートでパンを楽しんでいるのだろう。ちょっとのぞき見。

まずは夜。閉店後の店内で、皆でお酒を飲むことも多いそう。スライスしたパンにフレッシュなトマトのサラダを乗せて、即席タルティーヌの出来上がり。どのソースも最後までパンでぬぐって味わいたくなる美味しさだ。バーで働いていたというオーナーの哲也さんはワイン好き。パンと料理に合うワインをさりげなく選んでくれる。

閉店後の店舗を開放して、定期的にイベントも開催。昼は“街のパン屋さん”、夜は“音楽をかけながらわいわい人が集まる空間”に変身する。バーガーナイトや牡蠣祭りなど、思わずお酒を飲みたくなるパン屋さんのイベントだ。

「あの人たち楽しそうだし、なんか感じいいよねって思ってもらえたら嬉しい」という言葉の裏には、地元への愛がある。地元の学生たちが大人になり「黒磯いいな」と思って戻ってきてくれたら街が盛り上がる。皆でもっと楽しい街にしていきたい、と言う。

休日は近くの川でパンピクニック。木の俣川は水がとてもきれいでおすすめだそう。友人からもらった野菜や地元の素材を簡単に調理して持参し、その場でサンドウィッチをつくって食べる。ガスバーナーがあればコーヒーも淹れられるし、ホットサンドだってお手のもの。きれいな川、雄大な那須連山。近くにある大自然を存分に満喫しながら、気持ちの良い空気の中で味わうパンは美味しさもひとしお。誰だって笑顔になる。

日常を丁寧に味わうように暮らしてく。それがどんなに幸せで贅沢なことか、彼らは知っているのだ。

CHAPTER 3 | The Pursuit for the Perfect Loaf of Bread | KANEL BREAD

192

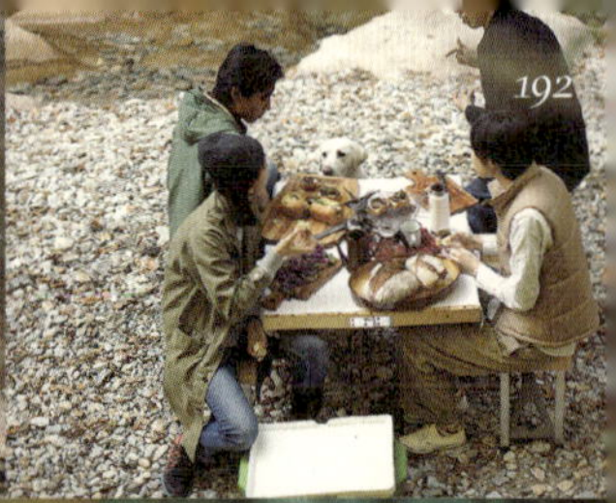

CUBANOS キューバサンド

- カンパーニュ …… 2スライス
- 〈A〉プエルコアサド…… 3スライス
- 〈B〉モホソース …… 少々
- モッツアレラチーズ …… 適量
- チェダーチーズ …… 適量
- 〈C〉きゅうりのピクルス …… 1/2〜1/3本
- マスタード …… 少々
- バター …… 少々

1. カンパーニュ1スライスにマスタードを塗る。
2. ローストポーク、ソース、チーズ、ピクルスの順にのせ、もう1スライスでサンドする。
3. バターを塗った直火用のホットサンドメーカーを熱し、サンドウィッチを中のチーズが溶けるまで焼く。
4. 香ばしい焼き色がついたら、早々にいただく。

〈A〉

Puerco Asado

プエルコアサド

- 豚肩ロースブロック …… 500g

a
- ドライオレガノ …… 小1/4
- クミン …… 小1/4
- ニンニク …… 2片（すりおろし）
- 塩 …… 少々
- 黒こしょう …… 少々

b
- 赤ワイン …… 100g
- オレンジ果汁 …… 50g
- ライム果汁 …… 30g
- オリーブオイル …… 60g
- ローリエ …… 1枚

1. 包丁で切れ目を入れた豚肉にaを擦り込み、1時間置く。
2. bで1〜2晩漬け込む。
3. 漬け汁から出し、170℃のオーブンで90分焼く。（途中漬け汁を肉にかけながら）

〈B〉

Mojo

モホソース

- ニンニク …… 40g（すりおろし）
- 玉ネギスライス …… 1玉
- レモン果汁 …… 30g
- ライム果汁 …… 30g
- オレンジ果汁 …… 80g
- オリーブオイル …… 100g

1. すべて鍋に入れ、弱火で焦げないように煮つめる。
2. とろみがついたら、クミン、カイエン、オレガノ、塩、コショウで味を整え、冷蔵保存する。

〈C〉

Pickles

きゅうりのピクルス

お酢 …… 200cc
水 …… 180cc
ブラウンシュガー …… 50g
岩塩 …… 10g
黒コショウホール …… 15粒
ディル（生）…… 2〜3g
ピクリングスパイス …… 5g

1. すべて鍋に入れ、ひと煮立ちさせる。
2. 熱いうちにキュウリ数本と合わせ、冷めたら冷蔵保存する。（脱気で長期保存OK！）

№ 039 東京都

Fluffy

地域に根付くパン

てのひらで感じる安心感と幸福感

渋谷の喧騒からはなれた鶯谷町にある小さなパン屋さん「フラッフィー」。店主の奥村香代さんの笑顔は太陽のように朗らかで、まわりをぱっと明るく照らしてくれる。会うだけで元気になる奥村さんとの会話を楽しみにお店にくるお客さんも多いに違いない。「この辺りは下町みたいにあたたかいの。ご近所さんも、この店の家主さんも。もともとはこの場所、駐車場だったんですよ。せまいでしょ(笑)」。けらけらと笑いながら教えてくれた。確かに車一台分だ。小さな売り場に、小さな厨房。発酵器やオーブンは家庭用のものを使っていると聞いて驚いた。

フラッフィーでは国産の小麦粉、シママースという沖縄の天然塩、香りのよい喜界島の砂糖、ホシノ丹沢酵母を使ってパンを焼く。最近は水分量の多いパンがとても増えてきているが、パン生地の水分量は粉に対して50％と少ない。「そのほうが好きだから」と奥村さん。なるほど確かに甘いお菓子パンたちも、むぎゅっとしていてずっしりと重い。小ぶりでも十分に満足感がある。

01 03
02
04

01 店主の奥村香代さん 04 3種類の生地とパンに使う具材。かぼちゃ餡、あんこ、簡単ベーコン、チーズ、じゃがいもカレー＆チーズ、クリームチーズ＆ドライトマト

パン棚に可愛らしいパンが並ぶこの小さなお店は、時たまパン教室にも変身する。パン教室の開催日は、お店の外まで楽しそうな笑い声と良いにおいが漂う。持ち物はエプロンとハンドタオルだけ。気軽に参加できるのが嬉しい。元々、パン教室の先生だったという奥村さんは、教え上手。和やかな雰囲気で進むレッスンは初心者でも楽しみながら学べる。2時間ほどのレッスンで、様々な種類のパンをつくることができるのが魅力だ。

レッスンは一次発酵が終了した生地の成形からスタートする。スタートレッスンはプレーン、クルミ入り、煎りごま入りの3種類。この生地を、プチパン、エピ、3色山型パン、2山ミニ食パンにするのだが、初心者にとっては「はじめて」の連続。食パンの生地を型に入れる時、最後に上から生地をやさしく押すことを「おまじない」と言う。みんなで「美味しくなあれ」と、おまじないをかける姿は、まるで子どものよう。無心に生地を触っていると童心に返ったようにわくわくした。普段パンを買いに来るパン屋さんで、パンづくりを教えてもらえることが、こんなにも楽しいなんて！

05 06
07
08

05 みんなでわいわいつくるのも楽しい 06 並べてみるとエピの成形ひとつをとっても個性が出るもの

言葉だけで説明するのではなく、実際に見せて、的確なアドバイスをくれる。そして自分でやってみる機会がとても多い。丸める作業も1人20個くらいできるので、その間にコツをつかめる。手を動かした後は、座ってレシピの説明。その間にも、どんどんパンの美味しい香りが充満してくる。

奥村さんは料理好きで料理上手だ。「変なものは食べたくないんですよね。だから、フィリング(具材)も手づくり」。もちろん、フィリングのつくり方も丁寧に教えてくれるし、パン教室でも手づくりのデリとスープを焼き立てパンとともに味わえる。みんなで焼き立てパンのある食卓を囲む幸せな時間。アツアツの食パンは割ると湯気がほわぁっと立ち歓声があがる。

やわらかで滑らかな生地に触れることで、てのひらを通して癒される。なんだろう、この安心感は。その生地はやがてぷっくりと膨らみ、今度は美味しい香りを放つ焼き立てパンになる。なんだろう、この幸福感は。「この生地は生きている」ということを、間近で感じられるのがパンづくりだ。生地に触れることで、原点に戻ることができる、そんな時間だった。

09 10

11

09 焼き立ての食パンを割ると湯気が立ち歓声があがる。自分たちでつくった焼き立てのパンは美味しさもひとしお。 11 説明を受けながらつくり方のメモももらえるので安心

Information

フラッフィー

A_ 東京都渋谷区鶯谷町4-15 1F T_ 03-3461-8655

O_ 火・木〜土 11:00〜19:00 H_ www.happyfluffy.net

Fluffyパン教室

レッスン初回はスタートレッスンを受講し、その後は好きなレッスンを受講可能。開催スケジュールなど、詳細はホームページで。
www.happyfluffy.net

〈この日のメニュー〉
・エピ（簡単ベーコン入り／チーズ入り）
・2山パン（かぼちゃあん&あんこ／じゃがいもカレー&チーズとクリームチーズ&ドライトマト）
・フォンデュ（プレーン／胡麻）
・3色山型パン
・さつまいものポタージュ
・ラタトゥイユ

エピ

3食山型パン

フォンデュ

2山パンとラタトゥイユ

パン生地ってどうやって膨らむの？ どんな匂いでどんな感触？ どう形づくるの？ 食べることを楽しむのとはまた違って、手先を動かしたり観察したり、五感で体感しながら「知る」というそのワクワク感は、いつかの図工の時間みたいだった。奥村さんのやさしい声や話し方が、本当に先生のようで、余計に童心に返ったのかもしれない。生地が少し膨らむと愛らしく感じ、自分でつくったものを見てさらに愛らしく感じ、焼き立てをみんなで食べた時には美味しいだけではない幸せを感じるのだ。目一杯、楽しめるパン教室。とってもいい時間だったな。　えりか

人生初のパンづくり体験！ 丸パンひとつ成形するのがとても難しく、これまで取材を通して出会ったパン屋さんたちの素晴らしさを身をもって感じました。パン生地や焼き立てパンのお土産もついて大満足のパン教室。焼き立てパンと、奥村さん手づくりのスープとラタトゥイユ、また食べたいな。
みどり

青山パン祭りとFluffy

販売員は常連さん

青山パン祭りの「フラッフィー」のブースにはたくさんのスタッフさんがいて驚いた。小さなお店だと知っていたので、こんなにスタッフさんいたかな？ と思ったのだ。聞くと、皆さん普段はお店の常連さんなんだとか。平日は様々な仕事をしている常連さんたちが、パン祭りの日は「フラッフィー」の販売員になってくれるのだ。普段から「フラッフィー」のパンを食べているから、商品説明はお手のもの。好きなお店だから、パンへの愛も十分。

「だから安心してお願いできるんです。私はパンをつくるので精一杯だから、販売はみんなにお願いする。自分のつくったパンたちが嫁に行くのを見守ってもらうんです。ただボランティアでやってもらうつもりはなくて。そこはちゃんと仕事としてお手伝いしてもらっています」。

パン祭りが終わった後は、みんなで普段は行けないような店に美味しいご飯を食べに行くのが最近の定例行事になっているそうだ。謝礼として現金を受け取るよりも「みんなで食事に行きたい！」という意見が多かったからだそう。

こうしてみんなでお祭りを楽しんでくださっていることが、とても嬉しい。

La fête du pain AOYAMA

青山パン祭り

パンのちから、発酵のちから

2011年に世田谷・三宿エリアではじまった「世田谷パン祭り」から発展し、青山・国連大学前で開催されている「青山ファーマーズマーケット」と併催する形で2013年秋にスタートした「青山パン祭り」。年に数回、各地から2日間でのべ70〜80店舗のパン屋さんと、パンのお供が集い、約2万人を動員するパンのお祭り。

「美味しいパンを思う存分楽しみたい」という想いで、その日その場限りの「特別なパンの空間」をつくり出す。

「青山ファーマーズマーケット」に出店する農家さんの旬野菜と、パン屋さんのパンを組み合わせたオリジナルサンドウィッチ。テーマごとにつくる特別なパンセット。パンに合うチーズやビオワインが並ぶブース、そして小麦農家による小麦ブース。薪窯やオーブン

を乗せたキッチンカーでは、パン職人による焼き立てパンのデモンストレーション。スウェーデンのエクスペリエンス・デザイナーとともに企画した酵母の交換会では、パン屋さんや自宅でパンを焼いている人にも自家製酵母を持ち寄ってもらった。
「青山パン祭り」を中心に、つくり手と食べ手が交差し、無限の楽しみ方が生まれていく。そこには大きなカンパーニュを皆で分かち合うようなワクワク感がある。パン屋さんでもなく専門家でもない。ただ「パンが好き」という想いで集まったBread Labメンバーから生まれる美味しいパンのお祭りだ。
　少しずつゆっくりと時間をかけて、パンも人も街も、良い発酵をしていくようにと願って、次の企画も発酵中……。

№ 040 埼玉県

川越ベーカリー 楽楽

生き方・働き方

スタッフが身につける腰巻きのエプロンは、どこか酒屋さんを思わせる。それもそのはず、オーナーである上野岳也さんの実家は川越の酒屋さん

菓子屋横

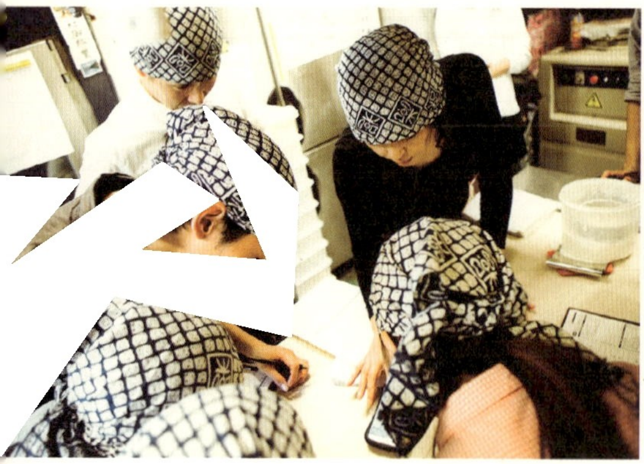

みんなでつくり、みんなが楽しむ

埼玉県川越市。「小江戸」とも呼ばれる観光地でもあるこの街の菓子屋横丁に「川越ベーカリー 楽楽」はある。オーナーの上野岳也さんが、地元である川越で商売をしたいと2006年7月に開業したお店だ。子どもの頃から何か商売をしたいとは思っていたという岳也さんが、住宅メーカーや有機野菜のバイヤー、広告の営業マンなど経て、ついに商売をはじめようと本格的に考えだした時、一冊の本に出会った。自然の中の仕事が紹介されたその本の中で興味を引いたのが「天然酵母のパン屋さん」。「（岳也さんは）手先が器用だったし、自然も好きで、探究心もあるので、天然酵母や発酵と向き合うパン屋さんは向いているのではないかと思いました」と、奥様の祐子さん。

最初は社員1名とアルバイト4名からはじまった店も、オープンから9年が経ち、いまでは上野夫妻を含めた社員9名とアルバイトスタッフ7名が働いている。岳也さんが広告業界で働いていた頃の同僚である祐子さんは、2010年に前職を退職して参加した。スタッフに社員が多くいることに気がつくが、それは長時間労働が多いパン屋さんゆえに、スタッフの働く環境に細心の注意を払っているから。元々は違う世界にいたからこそ、見えてくることもある。仕事とプ

平日には4、5人が厨房に入っている。仲の良さがうかがえる和やかな雰囲気。社員もアルバイトも名前は愛称で呼び合うそう。声を掛け合い、相談し、フォローし合うことで、昨日より良いパンを目指す

入ってから日が浅くても、なにかひとつ責任を持つ仕事が任される。さらに売上も全員に共有されることで、お店をスタッフみんなでつくっているという意識を持ち、仕事にも活力が出てくる

ライベートのバランスを取ろうとするのではなく、どちらも目一杯充実したものにするためにはどうしたらいいか考えているのだ。そこで長時間働いたとしても、リフレッシュができるように週休完全二日制、年三回の長期休暇、そして社会保険も完備。こうした制度だけではなく、仲間と明るく仕事していくために、全員揃っての朝礼・終礼を実施し、目標の共有や振り返りを行う。そして朝礼・終礼では全員でハイタッチ！「ハイタッチをすると、不思議と笑顔になるんです。そこで全員の顔を見ることができるのも重要です」（岳也さん）。

そうした姿勢はパンづくりにも表れる。どんなにこだわってやっていても、働く時間が長くなりスタッフの負担になってしまっては元も子もない。そこで、なんでも自分たちで手づくりするのではなく、手をかけるところにはかけて、ところどころは自分たちが食べて美味しいと思ったものを使うようにしている。こだわりである北海道産小麦についても、普段自分たちが見ている粉の状態ではなく、農産物であることを実感し、生産者への感謝の気持ちを大切にするために、毎年社員全員で小麦畑を訪れている。最初は岳也さんひとりで行っていた。その頃は、小麦畑を見に来るパン屋さんはほとんど

店長にして看板犬のムクとリク。お店には犬用のおやつも充実

いなかったそうだ。今や社員は皆、給与の中から少しずつ北海道貯金を行い、研修旅行に参加。声をそろえて「楽しい」と話してくれた。

大学4年間、アルバイトをしてくれた女性がいた。彼女は管理栄養士の資格を取り、就職活動する中で「どこもだめだったら、最悪、楽楽で！」と冗談を言い笑い合った。また卒業生として、母校の講義に呼ばれた男性スタッフもいた。彼は在校生に仕事の話をしているうちに、つらい仕事だと思われてしまいそうな気がしてきたが「三年働いて辞めたいと思ったことはないと伝えたので、それでわかってもらえたと思います」と言ってくれた。そうしたエピソードにも、上野さん夫妻が目指す「川越ベーカリー 楽楽」という店のあり方が滲み出ている。

店名の「楽楽」は「楽しくつくって楽しく食べていただく」という意味。店前に筆で書かれた「楽楽」の文字。左側が強くて大きな男性のようで、右側がしなやかさをもつ女性のように見える。まるで寄り添い支え合いながら、人生を楽しむ上野さん夫妻のように思えた。

日本人好みのしっとりもちもちとした食感、そして味噌や、干し柿、柚子、醤油など和の素材を使ったパンがこだわり。中でも「お味噌のパン」はいちばん人気の看板商品

p205 _

「働いているスタッフ皆が誇れるパン屋さんにしたい」(岳也さん)。パンを通してつくっていきたい環境がある

Information

川越ベーカリー 楽楽

A_ 埼玉県川越市元町2-10-13
T_ 049-257-7200
O_ 不定休 7:30〜17:00(売り切れ次第終了)
H_ www.bakery-rakuraku.com

川越 ベーカリー 楽楽
ほんのり あまい お味噌の パン
川越 ベーカリー 楽楽
菓子屋横丁

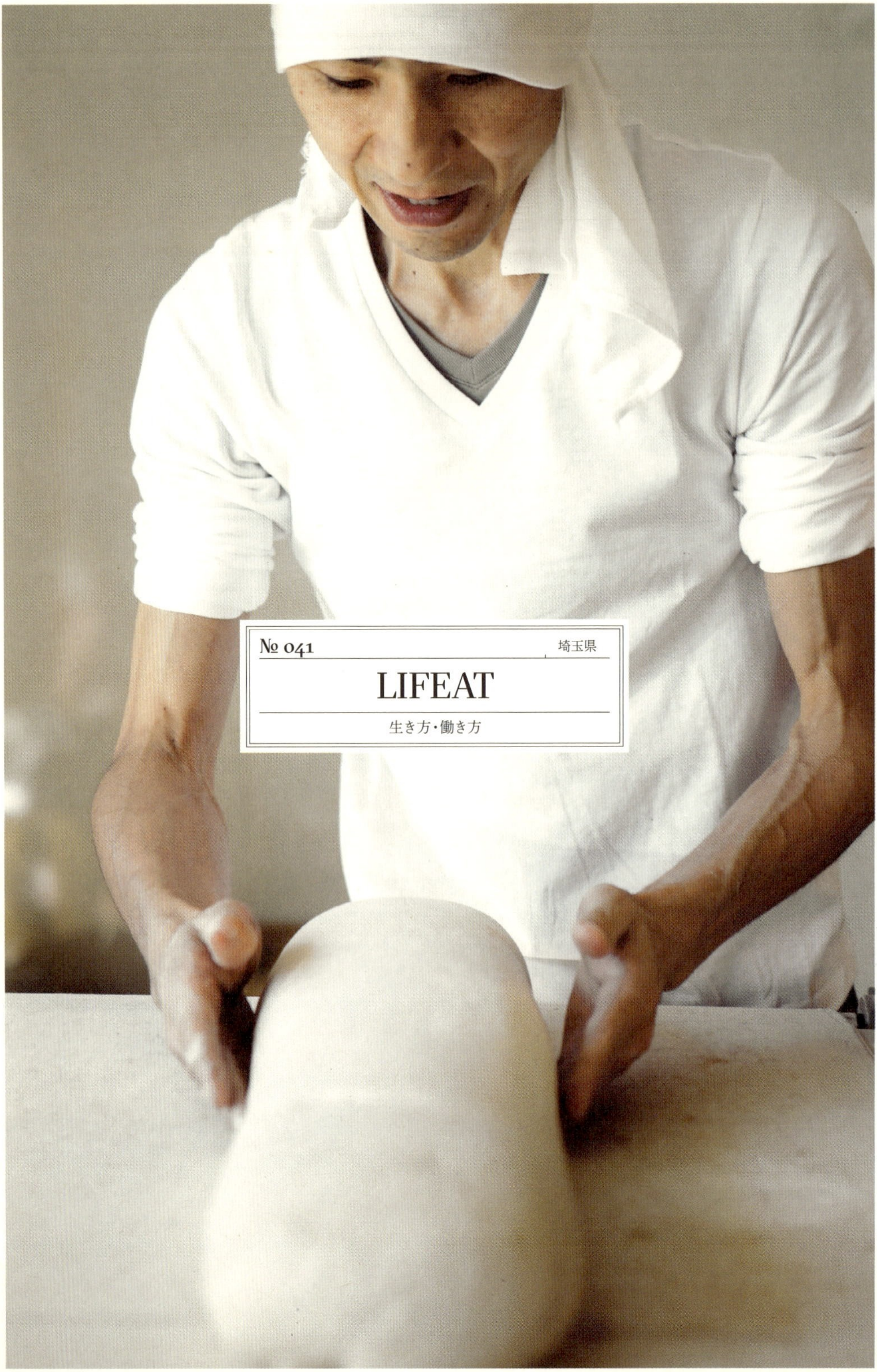

№ 041 埼玉県

LIFEAT

生き方・働き方

パンの先には、生活がある

埼玉県の土呂駅のすぐそばにある「LIFEAT（リフィート）」。その店名は「LIFE（生活）」と「WHEAT（麦）」を掛け合わせた造語。麦、そしてパンを通して健康で幸せな生活を届けたいという意味だ。パンをつくるのではなく、パンのある生活をつくり広めたいという想いがある。

木工や料理など、つくることが好きだったオーナー鈴木伸一さんの最初の職業はカステラ職人。しかし、つくることが専門でお客さんと接する機会がなかったため、大手のパン店に転職する。そこでパンを目の前にして笑顔になるお客さんや「美味しい」という言葉に触れ「こんなに幸せな仕事はない」と思ったそう。そこからパンとともに歩む人生がはじまった。

その後、自信を持って「毎日食べてください」と勧められるものを求め、天然酵母のパンを学ぶため、東京・富ヶ谷の「ルヴァン」で働いた。そこではパンづくりだけではなく、併設される喫茶店で、当時は堅く、食べにくいというイメージがあったハード系のパンをほかの食材とともにワンプレートで提供するという、パンをつくって売るだけではないスタイルにも感銘を受

p206 _

よく整頓がなされた白く心地のよい厨房で「リフィート」のパンはつくられている

パンをつくる時も、お客さんと接する時も気持ちを込める。そして自分に対しても人や自然から良い気をもらえるようにしているのだとか。気の巡りが大切

けた。その後北海道へ移り、ハンディをもった人たちがつくるパン店の立ち上げに貢献。そして地元・埼玉で「リフィート」の開店へと至る。

鈴木さんのパンづくり、店づくり、そして生活に対する姿勢には、一貫してシンプルさがある。酵母、小麦、塩、水だけでいかに美味しいパンをつくるか。そこに、発酵の力や自然の偉大さを感じているという。店舗は、良い酵母が住み着くようにと酒蔵をイメージした日本家屋。日本の木を使用し、漆喰も施している。ほかにも、鉄の作家につくってもらったガラス台の脚や、廃棄蛍光灯を再利用したランプなど。パンをつくる場所も素材とつくり方を大切にし、その考え方を押し付けるのではなく、自然に発信しようとしている。

パンをつくる自分自身が健康であることを意識し、生活もできる限り、ものを少なくする。本来は車好きだというが、現在の愛車は軽自動車。今はとても気に入っていて、自分の心に足りていると言う。「プラスよりも、マイナスしていくようにしたい。パンも、生活も」。その言葉には、本当に大切なことは何かを浮かび上がらせようとする、鈴木さんの生き方が表れている。

大きなカンパーニュを焼くために薪窯を導入したかったが、いろいろ調べた上で、もっとも薪窯に近い電気窯を使用。ゆくゆくは窯を二段にしクロワッサンやカルツォーネもつくりたいと思っている

*p209_*
お店もできる限りそぎ落とし、生活を提案していきたいという考え方が随所に見られる

Information

リフィート

A_ 埼玉県さいたま市北区土呂町2-10-8 T_ 048-665-8060 O_ 火～土 10:30-19:00 H_ lifeat.co

01 *01* お店には現在、季節のパンを含めて28種類ほどのパンが並ぶ。材料は日本という大きくとらえた地産地消を目指し、小麦
02 は北海道を基本に埼玉県産も使用 *02* ドライフルーツやナッツなどは海外からオーガニックのものを。カンパーニュはホールだ
けではなく、気軽に楽しんでもらえるようにほしい分を量り売りというかたちでも販売している

富山県

パンのおと

生き方・働き方

食べ手を想う、感性のパン

「パチパチとパンの焼ける音が嬉しかった」。パンで生きよう、と心に決めた音。ベイカーの宮脇訓《さとる》さんは富山県高岡市の出身。建築家の同級生に引っ張られ、器や古道具などのバイヤー兼オーナーとしてお店を経営していた。その中で出会った数人の作家に猛烈に憧れ、影響を受ける。「10年前、60歳間近の作家さんに恋をしたんです。唯一無二の薄い白磁、それしかつくらない方でした」。想いと手をもって作品という形にすることへの憧れは瞬く間に膨れ上がり、自分もゼロから何かをつくりたいという気持ちに突き動かされた。その時、なぜか思い浮かんだのが、昔つくったことのあるパンだったという。

宮脇さんはパンにのめり込んだ。とにかく夢中でパンをつくりまくる日々。少しずつノウハウを得ると、今度は自分の思うようにつくってみる。それを今も繰り返す。「焦ってつくるパンは焦った顔をしていて、そんなパンに怒られている気にもなる。パンは自分の先生、生き写しのよう」。

酵母は3種類。全粒粉から起こした自家製酵母をメインにイーストとホシノ

01
02 03

01 ござに座る、全粒粉とライ麦の「カンパーニュ」 02 全粒粉のクロワッサン」は発酵バターの香りがたまらない。隣にはショコラ入りのものも 03 日々のパンは30〜35種ほど。常連さんの好みを想像し、ランダムに新しいパンを焼く

酵母を使い分け、小麦粉はその時々で試作して決める。「自然な形で発酵させて麦の香りがするパン」へのこだわりは、まん丸に膨れ上がったカンパーニュに表れる。クラストは薄く、ふっくらもっちりのクラムで酸味はごくわずか。麦の香りと自然な甘みがやさしい。
「今思えばパンで生きようなんて、本当に浅はかな考えだった」。でもどんなに苦しくても、お客さんが買いに来てくれることへの嬉しさが消えないという。宮脇さんは、お客さんがレジを終えると作業場の中から「ありがとうございます」と声を発する。きっと向こう側には聞こえていない。
　宮脇さんの感性、感覚、感謝。これこそが美味しさを形づくり、食べ手へと伝わっていく。

Information

パンのおと
A_ 富山県富山市東中野町3-10-20 T_ 076-422-5277 O_ 火〜土 11:00〜18:00ごろ H_ www.salook.jp

04 05
06
07 08 09

04 宮脇訓さん。焼き上がったパンはすぐに店頭に並ぶ 05 焼きを待つカンパーニュ生地 06 いちばん人気の「山食パン」の生地 07 08 小さな一輪差しや白磁の壺など、宮脇さんが素敵だと思うものが並ぶ。店内には自身の宝物も飾っている 09 お店を開いて5年半。「黒いテントのお店」や「無添加の」で富山の人々に親しまれている

№ 043 埼玉県

cimai

生き方・働き方

パンづくりでは、お互い手伝うことはあっても、干渉はしないというふたり

姉妹でつくる優しいパンの時間

突然、真っ白な四角い箱が現れた。中に入るとお洒落な雑貨屋さんのよう。

埼玉県幸手市にある「シマイ」は、店名の通り、姉妹で営むパン屋さんだ。姉の大久保真紀子さんは自家製酵母でパンを焼き、妹の三浦有紀子さんはイーストでパンを焼く。喋り方も、つくるパンもまるで違う。お互いのパンづくりを手伝うことがあっても、干渉はしないというふたり。工房での作業はパッと分かれているそうで、真紀子さんは「有紀子さんのパンを触ったことがない」と、笑う。付かず離れず、姉妹特有の距離感を絶妙に保ちながら、阿吽の呼吸で作業がすすむ。

真紀子さんは、パンの担当としてティールームで働いていた時「スキルアップのため次は天然酵母を」と思い、修業先を探した。「たまたま開いた雑誌に『ルヴァン』の甲田さんの対談写真が載っていて。その笑顔を見て、この人のところで働きたい！と思った」と言う。あいにくその時は求人募集がなく、休みの日に「ルヴァン」の手伝いをしながら過ごすこと1年。真紀子さんに白羽の矢が立った。「甲田さんは“面会”をしてくれるんです。“面接”じゃないの。みんなで過ごす楽しい輪の中心にはいつでも甲田さんがいるんです。毎日を

「真紀子さん」「有紀子さん」とお互いを呼び合う。ある時から急に、家族全員がさん付けで呼び合うようになったとか

p215 _

使い込まれた窯などの厨房機器は、真紀子さんが働いていた「ルヴァン」調布店がクローズする時に安く譲ってもらったものだそう。「食パンの山と山の間が好き」と、美尻たまねぎパンをやさしく型に入れる真紀子さんが教えてくれた

時間帯によって、自家製酵母のパンとイーストのパンが並び、同時にふたつの顔が楽しめる。どちらもそれぞれ魅力的で迷ってしまう

楽しむ達人。それでいて大事なところはちゃんと見ていてくれる。言葉よりも、その姿や行動で大切なことを教えて頂いた」。こうして真紀子さんは今から遡ること8年前「ルヴァン」で働き始めた。「ルヴァン」ではパンづくりだけではなく、人として多くのことを学んだという。真紀子さんは今も「ルヴァン」にいた時から小麦で繋いでいるというレーズン酵母を使ってパンを焼く。

その一方で有紀子さんは結婚し、子育てをしながらベーカリーカフェで働き、週末に自宅でパンを焼くようになる。イベントなどに姉妹ユニットで出店し、人気を博すようになりお店を持つことを考えはじめた時、かつての通勤路だったこの場所に出会い、様々なご縁が繋がって最小限の費用でお店をオープンできることになった。「もともと雑居ビルが大好きで。コンクリートにペンキが塗ってあるような無機質な感じが。ここの壁も自分たちで漆喰を塗りました」と、有紀子さん。

ふたりがお店を開く時、何よりも大切にしたのは“空間づくり”だ。「お店もパンもどうしよう、何をつくろうとかそういうことよりも、空間としてこうしたいってことが先にありました。ここには絶対窓を、とか、包装の仕方とか、こう見せたいっていう細部のほうが先行していました。パンは日によって違うし、変化していくものだから全体をトータルで見せたかった。パン

p217 _

お洒落な雑貨屋さんのような店内。店内のディスプレイ用品や家具、食器などは販売もしている。アンティーク家具は「HANG café」のもの

のことは全然決まっていなくて(笑)。オープン直前までパンのテーブルがなかったくらい」と、有紀子さん。

この感性が独特の雰囲気と心地よさの秘密に違いない。「その時食べたいもの、興味があるもの」をただ素直に作っている、というおふたりにパンを通して伝えたいことを聞いてみた。「最近よくわからなくて困っているところ。でもとにかく、皆に美味しいと言ってもらえるのがいちばんです」とあたたかい答え。

会話の中には「栃木で無農薬小麦を作る上野さん」や「那須で無農薬の苺を育てる江連さん」など、生産者さんの名前が次々とでてくる。食材に込められた生産者さんたちの想いを形にする「安心安全なパン」がこれからも「シマイ」のパン棚をやさしく彩るに違いない。

Information

シマイ

A_ 埼玉県幸手市大字幸手2058-1-2 T_ 0480-44-2576
O_ 不定休 12:00〜18:00 H_ www.cimai.info

Imaginative Bread

空想パン

パンからはじまるあれこれに想いを巡らしながら、美味しく楽しくゆるやかに。
パンへの想いが連鎖して、何やら面白い「人の繋がり」が生まれています。

ポーランドの町
ビアリシュトクに住む、
玉ねぎ農家の少年は
パンが大好きで、
家の農作業の傍ら
近所のパン屋で
お手伝いしてました。

春になると圃場にある石窯で、
オニョンヌーヴォーを
のせたパンを焼き、
家族みんなでビアリーパーリーして
収穫を祝いました。
この少年が後にアメリカに
渡ることになって…。

のイメージ(´▽`)ﾉ

空想パン no.1　　KIMURA

玉ねぎ農家の新玉ビアリー

about *"KUUSOU-PAN"*

空想パンの醍醐味は、
ストーリーや背景を楽しむこと！

空想パンとは……
現在、過去、未来、時や場を超えて存在するパン。事実に基づいた背景やフィクションのストーリーに登場する、決して我々は食べることができないパンたちを自由に空想して焼き、ナンバリングしています。 歴史を調べ、時代背景や当時生活する人々の気持ちに想いを馳せていたところ、ストーリーを知りパンを焼くことの素晴らしさに気づき、その象徴となる活動としてはじめました。
Instagram「#空想パン」で誰でも参加できます！

KIMURA
木村シェフ

イメージ、空想、妄想大好き男。素材やレシピの背景を知ることでつくり手と食べ手の架け橋を目指す。ゆるく自由に楽しくがモットー。2016年よりローカルにて開業準備に臨む。

YOGI
与儀シェフ

アパレル会社に勤めたのち、パン職人に転身。中村橋のベーカリー「nukumuku」オーナーシェフ。アメリカンポップカルチャーを愛する。

NAKAJIMA
中島シェフ

「大学卒業後（株）アンデルセンに入社。12年勤務。高田馬場『馬場FLAT（2015年10月オープン）』のシェフ。趣味はお酒を飲むことと音楽を聴くこと。好きなものは家族とデジタルガジェット。

空想パン no.2 KIMURA

海賊の好きな酒場のパン

15世紀からの大航海時代。
ビール醸造所ブラッスリー併設の
酒場で焼くパンは
新鮮なルヴュールドビエールを使用し、
インドから届く胡椒も散らして、
お酒によく合うのでとても人気があった。
腹を空かせた海賊たちは
そのパンで乾杯するのが大好きだった。
紐を通してテイクアウト出来るように
形も輪っかにしてもらった。

空想パン no.3 NAKAJIMA

シャングリ・ラの枝

中国、晋の時代。
武陵（現在の湖南省）の山奥に
あるとされていた桃の花が咲き乱れ、
一年中春の陽気で桃の花の匂いに
包まれていたという、桃源郷。
じつは桃源郷には桃の木だけではなく、
野生の葡萄の群生地もあった。
樹齢数千年の葡萄の樹液は
既に濃厚なワインのようで、
枝をかじると、さながらサングリアの
味わいであったという…。

空想パン no.4 KIMURA

南北のかおり

キタノカオリとミナミノカオリ
収穫された南北の小麦を
南北の農家さんが握手するように
交換こします。
そうして北でも南でも農家さんの間で
作られている不思議な地のパン。
東西のかおりもあるとかないとか。
合わさる至福を分かつパン。

空想パン no.5 YOGI

紀元前の深海魚

紀元前
南インド洋深海に生息した
深海魚のイメージ。
見た目はかなり怪しいけれど
食べたら実は美味しかった的な。

中には自家製スモークサーモンと
爽やかな玉ねぎのマリネ。
濃厚なクリームチーズが
すべての具材を包み込む。

空想パン no.6 NAKAJIMA

鶏肉と旬の野菜のフォカッチャ

昔々、貧しいがまじめに作物を作る男が
相棒のニワトリと共に畑を耕していた。
そろそろ上がって、一杯やろうか！
というところに、
隣村の若様が通りかかり、
「うお！この畑の野菜食いてぇ！
くわせろや！その鳥もうまそうだな！ww
それも一緒にな！www」と、
のたまったので、調理し出した、
鶏肉と旬の野菜のフォカッチャ。

空想パン no.7 YOGI

貨幣ドーナツ

むかしむかしの大昔、ギャートルズの時代。
マンモスのお肉や石の貨幣。
あの頃は命懸けで狩りをし
空腹を満たし、
持ち運ぶのが大変だった重い貨幣も、
過去、現在、未来へと時を経て、
やがて軽くて食べられる貨幣と
変化していく…。
なんでも軽量化、簡素化していく現代社会。
良しとするのかしないのか、
選択するのはあなた次第。

№ 044 Venice, CA, USA

Gjusta

料理とパン

レジ横の大きなショーケースには焼き立てのペストリーが並ぶ。スコーンやパウンドケーキなど種類豊富で選ぶのも楽しい。後ろの棚には大きなパンが並ぶ

「ジージャスタ」の主役、大きなキッチン。壁側にはオーブンやコンロなどが並び、男性店員が「火まわり」の仕事をしていた。入口付近には粉袋が積み上げられており、パンをつくる大きな作業台が中心にある

垣根を越えて食を楽しむ

飾り気がなく、無骨で大きな箱のような店構え。何屋かわからないけれど、好奇心を押さえきれずに店内に入ると、長い販売カウンターの真後ろに大きなオープンキッチンがどっしりと構えている。手を止めることなく活き活きと動き回るたくさんのスタッフたち。ジュースを絞るミキサーの音、オーブンから焼き上がったパンから聞こえるパチパチとした音、フライパンでベーコンの油が弾ける音、美味しそうな音が店中に充満している中「今日はどんなものを食べようか」とお客さんがキッチンを熱い眼差しで見つめている。顔の見えるローカルマーケットで仕入れた食材を、職人たちがうそ偽りない工程でつくっていることを公開している空間からは、食に対してフェアでありたいという姿勢が感じられる。

パンはシンプルなレシピのものを中心に、毎日焼きたてが10〜12種類並ぶ。ライ麦、小麦から起こしたサワードウを使ったラグビーボールより大きな一

際目を引くカントリーローフ(カンパーニュ)を中心に、クロワッサンにフォカッチャ、プンパニッケルというドイツ発祥の黒パンや、ビアリーという茹でないベーグルなど、西海岸風に解釈されたいろんなお国柄のパンたち。ランチタイムになると、彩り豊かでボリュームのあるサンドッチメニューも充実。ティータイムには、スコーンやクッキー、フィナンシェやパイなどをお供にしたい。どんな時間帯も楽しめるけれど、地元の雰囲気を感じたいなら朝に行くのがおすすめ。

新鮮なパンを求めて、家族連れやカップル、おじいちゃん、おばあちゃんというありとあらゆる人たちが開店と同時にやって来る。券売機で自分の番号を手に入れて、レジで注文するというシステム。料理ができるまで、キッチンを眺めながら自分のオーダーが調理される時間が待ち遠しい。そしてついに目の前にキラキラと黄色く光る目玉焼きが運ばれてくると、これから食

レジに近いアイランドキッチンにはフレッシュなフルーツや野菜が置かれ、オーダーが入るとここでジュースをつくる。広くて美しいキッチンは、セクションごとに分かれスムーズに機能していた。調理の様子を間近で見られるのも楽しい

CHOCOLATE CROISSANT
$3.75

べる料理が愛おしく思える。こんな感覚が沸き上がるお店を日常的に利用できる人たちがとても羨ましい。

　常連さんたちに混ざって店内を観察してみると、ベーカリーやお総菜屋さん、燻製屋さん、レストランにコーヒーショップなどが業態という垣根を超えて渾然一体となって存在していることに気づく。スタッフと気軽に交わすガラスケース越しの会話は、新たな美味さを発見するインスピレーション。過剰な資本効率を追求する価値の押しつけから逃れたい人は、この店を心地よく感じるだろう。クリエイティブに食を楽しみ、あらゆるメニューから、パンと相性の良いものを組み合わせてみる。さあ、あなたの「美味しい」をキュレーションしてみて！

朝ごはんのメニューも充実。まろやかな酸味のパンも目玉焼きも焼き加減が絶妙。黄身を溶かしながら野菜と混ぜ、パンに乗せて食べるのがおすすめ

informetion

ジージャスタ

A_ 320 Sunset Ave, Venice, CA, USA T_ 310-314-0320
O_ 7:00～21:00 H_ www.gjusta.com

№ 045 Seattle, WA, USA

The Fat Hen

料理とパン

オーナーのリネア・ガロさん（左）と、マッシモ・ガロさん（右）夫妻

CHOCOLATE
CHIP
COOKIE

ZUPPA DEL GIORNO=
FAGIOLI & SCAROLE
cannellini beans, escarole, garlic + olive oil
-9
COD ALL'INSALATA=
wild caught Alaskan cod with tomato, potato, celery + castelvetrano olives
-17
SPAGHETTI ALLA CARBONARA=
pecorino, porco, egg + cracked
STRAWBERRY PAVLOVA=
vanilla meringue with strawberry compote + soft whipped cream
-8
FRESH SQUEEZED
DELTA GAMMA

Fat Hen
1418
Open

CHAPTER 3 | **The Pursuit for the Perfect Loaf of Bread**

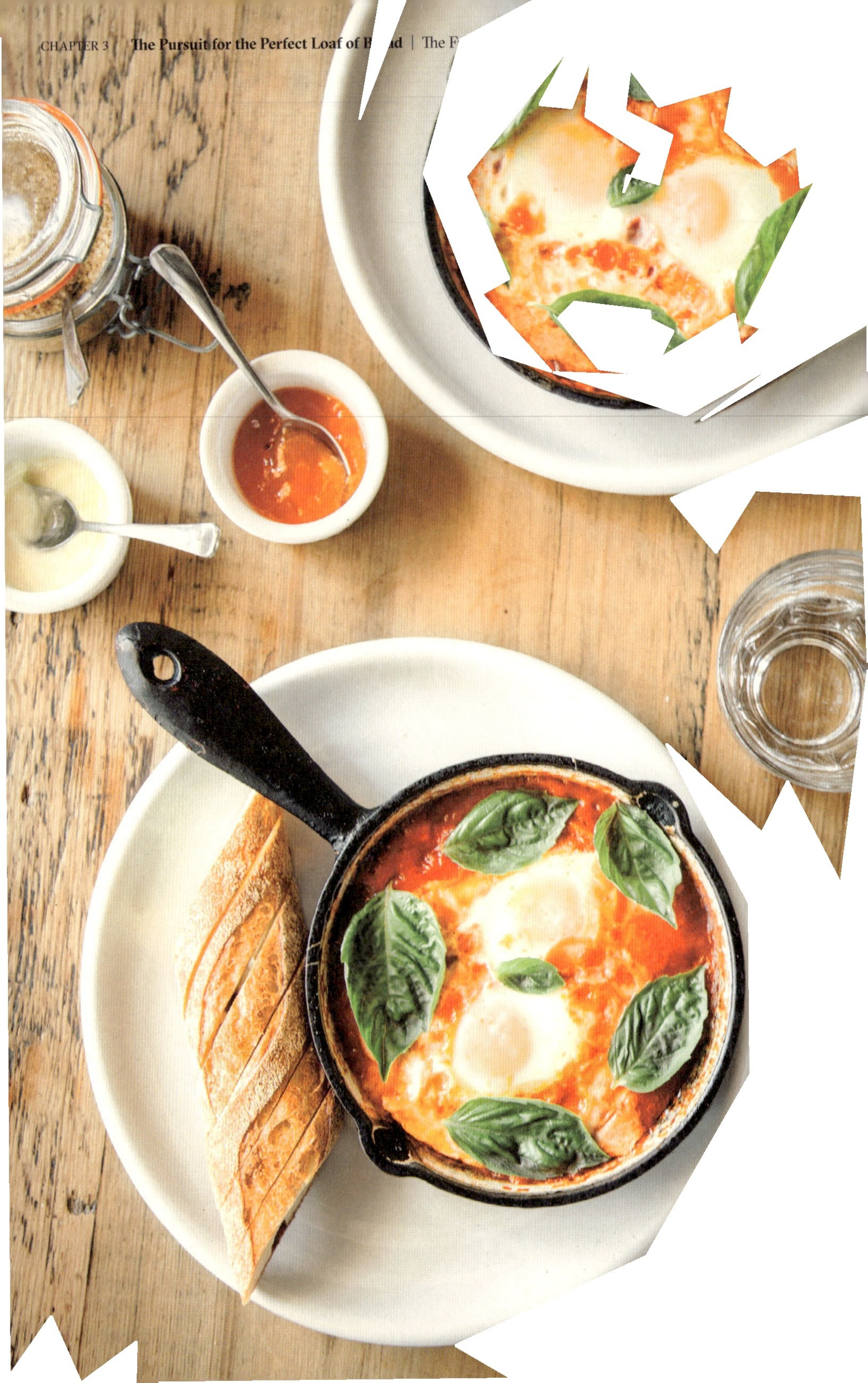

奥様のリネアさんがつくるカネルブッレ。シナモンが効いたスウェーデンの伝統的なペストリーだ

街にあるのが嬉しい、いつ来ても美味しいカフェ

アメリカ・ワシントン州シアトル市バラード地区。街の人たちが友人と集まり、シンプルで美味しい食事をシェアしたり、コーヒーとケーキを楽しんだりしながら寛げる空間をつくりたいという想いを込めて2011年に「ザ・ファット・ヘン」をオープンしたというオーナー兼ベイカーのリネア・ガロさん。

シアトルでも若い世代やアーティストなどに人気のエリア、バラードの閑静な一角にある20席ほどしかない小さい店内のインテリアは、シンプルながら美しい環境で食事を楽しんでもらいたいという想いで、白を中心に木を素材にしたスカンジナビア風。

シアトル出身のリネアさんはスウェーデン系アメリカ人で、カフェのすべてのペストリーを毎朝開店前に焼いている。季節の果物を使ったケーキ、アメリカ定番のチョコチップクッキー、イタリアのボッコンチーノクッキーなど。店のいちばん人気はやはり祖母伝承の北欧でのティータイム定番のパン、「カネルブッレ」。旦那さんのマッシモ・ガロさんはオーナー兼調理担当でナポリの出身。ブランチで人気のベイグドエッグやエッグベネディクト、そしてサラダやパスタなど日常的ながら良い素材を使った本場のイタリアンを楽しめるアイテムを調理している。

パリの調理学校で出会ったというふたりの食と暮らしへのこだわりが絶妙に調和したところが魅力の常連さんにも愛されるカフェ。

Information

ザ・ファット・ヘン

A_ 1418 NW 70th St, Seattle, WA, USA　T_ 206-782-5422
O_ 火〜日 8:00〜15:00　H_ thefathenseattle.com

№ 046 Portland, OR, USA

Sweedeedee

料理とパン

自分もまわりも幸せにする小さなカフェ

ポートランドのノースエリアにあるカフェ「スウィーディーディー」には朝から人々が自然と集まってくる。ポップでカジュアルな店内には、隣の「ミシシッピレコード」で調達したレコード＆カセットからゆるやかなBGMが流れる。「小さなカントリースタイルのカフェを開くのが長年の夢でした。そして近所の人たちのために、アットホームな雰囲気をつくろうと思ってはじめました。リラックスしに来る人たちが楽しめて、健康的で気の利いた食事ができる場所。ビジネスをしようという発想ではありませんでした」とポートランド出身のオーナー、エロイーズ・アウグスティンさんは話す。

メニューをもらいレジに並ぶ。魅力的なメニューに迷っていたら、待ち時間なんてあっという間。できる限りポートランドの食材を使ったシンプルな料理を提供するこの店では、パンも自家製だ。ハムがたっぷり入ったサンドウィッチと、手づくりジャムがついたトーストを注文した。さっくりと軽いブリオッシュのようなトーストから、じゅわりとバターがにじみ出て芳しい。ポートランド特産のリンゴンベリー（こけももの1種）のジャムは、酸味と甘みのバランスが絶妙だ。甘さと幸福に身体中が満たされる。

壁には大きな手描きのメニュー。ショウケースに並んだ焼き立ての素朴なペストリー。棚にはカラフルで不揃いなカップやお皿が無造作に置かれている

「ポートランドから車で30分ほどで行けるウィラメット・バレーには地元の小規模農家がたくさんあって、素晴らしい作物をつくっています。それらのクライマックスとして、私の店で調理して提供することに心からわくわくします！ 食べ物がどこからやってくるのかは、とても大切。お店で出すすべてのものをよく考えて選んでいます」。人との繋がりを大事にする彼女は、地元の美味しい素材や、それらを生み出す人々を愛している。

　お店に来るお客さんが増え、人気店になった今も彼女のライフスタイルの根幹は変わらない。「人生で大事なのは家族と友人。仕事も大切だけど、よく休んで、自分自身とまわりの人たちを思いやりながら生きることも同じくらい大切にしています」。どこまでも素直な彼女の生き方に共感した多くの人が、このカフェの持つ不思議な包容力に魅せられているのかもしれない。

店内で毎日焼くパンを使ったメニューが人気。リッチなトーストやプレッツェルなど数種類ある

Information

スウィーディーディー

A_ 5202 N Albina Ave, Portland, OR, USA　T_ 503-946-8087
O_ 月〜土 8:00〜16:00、日 8:00〜14:00　H_ www.sweedeedee.com

№ 047 東京都／長野県

ベーカリー&レストラン 沢村

料理とパン

パン コンプレ
¥340
ハーブ香る
¥320
クロワッサン
パン・オ・ショコラ
¥260
ブリオッシュ
アテット
レンコンと豆の
フォカッチャ
ポークフランク
カンパーニュ
¥390
クロック ムッシュ
¥580
きのこソテーの
タルティーヌ
¥370
チーズ クッペ

HIROO

朝も昼も夜も、料理とパンの幸福な食卓

お皿の上に残ったソースをひとかけらのパンで縁までぬぐって食べる幸せ。言うまでもなく、パンと料理は切っても切り離せない関係だ。「ブレッド＆タパス」＝食事と料理を一緒に楽しむ、というコンセプトを掲げた「沢村」は、軽井沢と広尾に店舗を構えているが、そのどちらにもカフェとレストランが併設されている。モーニングには食パンとコーヒーを、ランチにはバケットとチキンソテーを、ディナーは塩気のあるパンとチーズを肴にワイングラスを傾ける。そんなパンと食卓の幸福なマリアージュを、ここでは一日中楽しむことができる。

活気ある店内の雰囲気をつくっているのは、スタッフ同士の素晴らしいチームワークだ。率いているのは製造担当の森田良太さん。軽井沢と広尾の両店舗を行き来し、パンづくりの責任者としてすべての工程を管理している。森田さんは数々の有名ベーカリーで修業を積み、「沢村」の立ち上げメンバーとなった。静かな口調の中にもパンへの熱い想いがたぎる。「色々な経験をしてきたからこそ、一つひとつの工程を丁寧に気を抜かないでやりたい」。新しいレシピをつくる際には、お客さんの直の反応を知るカフェやレストランの店員にも意見を聞きアイデアをもらうのだとか。

「私のお気に入りは焼きカレーパン。今の時期はかぼちゃがゴロッと入って

広尾の店舗には近隣の大使館や外資系企業の外国人のお客さんも多く訪れ、インターナショナルな憩いの場となっている。いちばん人気はやはり名物のバゲット

人気の焼きカレーパンのフィリング(具材)はわざわざ軽井沢の厨房でつくったものを広尾まで持ってきている。中の具はカボチャや縮みほうれん草、季節ごとに変わる。また、他のパンのレシピもこまめに研究し直されており、取材日にはクリスマス用のシュトレンの試食が行われていた

KARUIZAWA

いて、甘くてとても美味しいですよ」。そう教えてくれたのは、カフェの店員さん。じつは彼女、はじめはベイカーになりたいとここで働きはじめた。「でも、お客さんの笑顔を見ていたら、接客のほうが楽しくなっちゃって」。職人たちによってつくられた美しいパンをテーブルに並べながら、彼女は笑った。「沢村」という店名は創業者や関連のある人物の名前ではない。軽井沢の店舗がはじめてできた場所が川の側だったから「人が集まる場所」という意味で名付けたのだという。確かに、ここにはパンに情熱を燃やすあたたかな心の人々が集まっている。

沢村オリジナルで挽いてもらった小麦を使い焼き上げた自慢のバゲットを、チキンソテーと一緒に噛み締めた。ジューシーな塩気のある肉汁がパンの甘みをこれ以上ないほど引き立てる。志を同じくする人が集まり、料理とパンが絶妙のコンビネーションで供される時、そこには確かに幸せな瞬間が存在している。

できたばかりだという新しい軽井沢の店舗。開放感のあるインテリアが心地よい。並んだ商品は瞬く間に売り切れていく

*p237_*

肉汁があふれるミートパティと野菜を挟むバンズはもちろん「沢村」特製のもの。抜群の相性に舌鼓を打つ

Information

ブレッド&タパス 沢村 広尾

A_ 東京都港区南麻布5-1-6 ラ・サッカイア南麻布1・2F T_ 03-5421-8686 O_ ベーカリー 7:00〜22:00、レストラン 7:00〜10:00L.O.(モーニング)、11:00〜16:00L.O.(ランチ)、17:00〜3:00L.O.(ディナー) H_ www.b-sawamura.com

ベーカリー&レストラン 沢村 旧軽井沢

A_ 長野県軽井沢町軽井沢12-18 T_ 0267-41-3777 O_ ベーカリー 7:00〜21:00、レストラン 7:00〜10:00L.O.(モーニング)、11:00〜16:00L.O.(ランチ)、16:00〜21:00L.O.(ディナー) H_ www.b-sawamura.com

SAWA MURA
karuizawa
Sawamura Basic Flour
SAWA MURA
karuizawa
Sawamura Basic Flour
Sawamura Basic Flour

№ 048 茨城県

da Dada

料理とパン

最高の状態にはパンがある

「堅苦しくなく、気軽にワインを楽しんでほしい」。そんな、酒屋兼食のなんでも屋「da Dada」。2013年にイタリアワインのインポートを担う株式会社ヴィナイオータがオープンさせ、食事はもちろん、厳選されたワインを求め遠方から訪れる人も少なくない名店だ。

店名はイタリア語で「ダダ(太田社長の愛称)の家」。お堅いレストランでなく、美味しいものをおなかいっぱい楽しんでほしいというスタッフの願いが込められている。店内にはワインセラーと物販スペースもありイタリア直輸入のワインとハムやチーズ、さらに日本国内の農家さんから直接買い付けた野菜や調味料が並ぶ。「素材が美味しければ、過剰な味付けや調理はいりません。我々は食材を農家の方々からお預かりしているという意識で、最高の状態で提供することをいつも心がけています」と、安西康晴さん。志を同じくする他のスタッフ4名と共にお店を切り盛りしている。

パーネは、シンプルな料理をひき立てる。「食事とワインに寄り添ってく

味付けとの相性やお客様の好みによってワインをセレクトしおすすめしてくれる。素朴な味のパンはどんな料理でも馴染む。ルールにとらわれず食べたいものを好きなように注文し、自分なりに楽しむのが「da Dada」流

れる」とメンバーお墨付きのパンは、イースト菌を使わず、粉と水と塩だけで作られたナチュラルな味の「ルスティコ」。イタリア国内でも日常的に食べられているパンのひとつで栄養価の高い「ふすま」が使われている。口に入れるとほんのり酵母の酸味が鼻に抜け、もっちりとした食感がどんな食事にもぴったりだ。メインディッシュのソースをたっぷりつけて最後まで楽しみたくなる。つくり手の角谷さんはイタリアでの修業後、茨城県でパン屋「パネッツァ」をオープンさせた職人。毎回大きな袋に焼きたてを3つほど入れて店に届ける。つくり手の顔が見えるのは料理もパンも同じだ。

　気取らないフラットな雰囲気の、ついつい長居してしまう店。食べ疲れない料理とワインで大人の宴を楽しもう。

Information

ダダダ

A_ 茨城県つくば市西平塚334-1 T_ 029-858-0888
O_ 火〜日 13:00〜23:00（第2、4火曜休） H_ www.facebook.com/dadadavinaiota

「手間暇かけてつくられた、愛情のこもった料理を提供したい」という想いを持つスタッフ。もちろんワインが大好き。日々、素材の美味しさを追求中。ワインや料理の豆知識やつくられた背景を丁寧にお客様に伝える

CHAPTER 3 The Loaf of Bread | LE SUCRÉ-COEUR   240

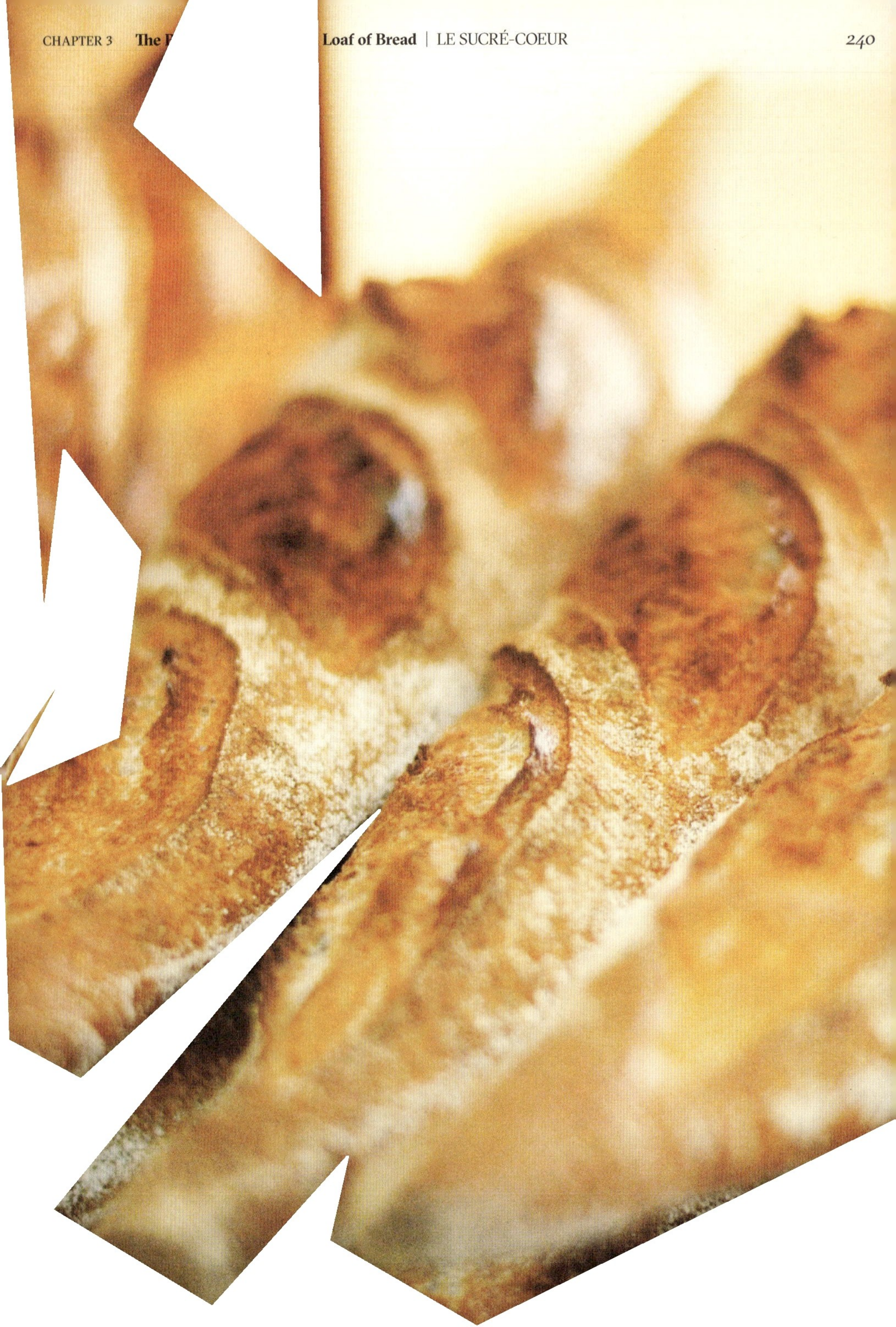

№ 049　大阪府

LE SUCRÉ-COEUR

料理とパン

「パンってなんだろう」フランスの地に求めた本質

昔から料理が好きだったという岩永歩さんは、パンが大好きだった大切な人がきっかけで、20歳の時、パンの世界に足を踏み入れる。「大切な人が毎日食べるものをつくりたい」。真っすぐな想いだった。

はじめは大阪の豊中にある小さなベーカリーで働いた。その後、梅田の店でヨーロッパのパンに触れ、フランスの文化に興味を持ち、翌年フランス料理店でパンの担当になる。ここでキィジニエ(料理人)とブーランジェ(パン職人)の物事に対する考え方や、仕事に対する姿勢などにおける、圧倒的な意識の違いを突きつけられる。ブーランジェとして、キィジニエとともに「フランスの食文化を司る職業」として、「彼らと対峙できる仕事がしたい」と強く願ったそう。その後、大阪・門真でパン店の立ち上げに携わった後、兵庫・西宮の店に移り、フランス人ブーランジェと出会う。彼のパンをつくる姿、佇まいに惹きつけられ、「パン職人でこういうかっこいい人になり得るんだ」と、この時はじめて、パンを生涯の仕事にできると思ったそうだ。「誰かやどこかの真似でパンづくりをはじめたようなものだったから、今まではそれを支えるのは薄っぺらい虚栄心しかなかった」。見たことのない製法でフランス人ブーランジェが焼いたパンはとても美味しかった。「これを学べば戦える」という武器が見つかった瞬間だった。

努力と縁が繋がって、27歳の時、フランスへ。渡仏資金を捻出するためパンの仕事から離れ、平均2、3時間の睡眠で一年働き通して貯めたお金を日本の家族の生活資金として残した。自分は15万だけ握りしめて旅立った。日本に置いていった生活費がなくなるまでが滞在のリミット。短い間でどれ

01 02 03 04

生地にやさしく触って状態をチェックする。窯入れする様子は圧巻。まるで生き物のようだった。新旧が入り乱れた厨房を「パッチワークみたいな厨房」と岩永さん

だけ本質を見られるか、結果として7ヶ月の滞在期間で毛穴という毛穴から空気を入れたと言う。「覚えることと忘れる怖さを一緒にサンドしたような感覚」で過ごした修業期間。良い意味で個人主義のフランスの人々を見て「自分はどうだ？」と、何度も街に問いかけられた気がしたそうだ。
「つくり手の中に何が入っているかはすごく大事。ほかのことをパン屋さんはもっと知るべき。上っ面だけ持って帰ってきて、本質や文化を伝えないのでは意味がない。まず学ばなくてはいけないのは精神性」。帰る頃には「ブーランジェです」と、胸を張って言える自分になっていた。帰国後、大阪府吹田市に「ル・シュクレクール」を開店。今年で11年目を迎える。
「まさに皮と肉みたいでしょ。ストレスをかけないようにミキサーを使わずにつくるから口溶けがすごく良い」。岩永さんが、大きなパン生地をやさしく触ると生地が喜んでいるように見えた。パンは生き物であり生ものなのだと実感する。パンは表現手段だと言うが、岩永さんにとっては大切な子どもでもある。
「パンは自由で楽しいものだ！」
　岩永さんがフランスで見つけたパンの本質は、シンプルなものだった。美味しいパンとハンドドリップで淹れてくれるコーヒーが味わえる幸せ。そう、「ル・シュクレクール」は自由だ。

Information

ル・シュクレクール
A_ 大阪府吹田市岸部北5-20-3 T_ 06-6384-7901 O_ 水〜月 8:00〜19:00 H_ www.lesucrecoeur.com

05
06 07 08

05 パン・ラミジャンを使った、具材も美味しいBLTサンド 06 07「クレーム・オ・ブール」や「クロワッサン」などコーヒーと合わせて楽しみたいヴィエノワズリーも充実 08 ショーケースに並ぶパンはどれも、岩永シェフが「今いちばん良いと思ったもの」だ。「明日はこれがいいと思えば変わるかも」しれないそう

LE SUCRÉ-COEUR × L'Effervescence

パンと料理の美味しい関係

大阪・吹田のブーランジュリ「ル・シュクレクール」岩永歩シェフと
東京・西麻布のレストラン「レフェルヴェソンス」生江史伸シェフ。この二店と二人を繋ぐもの、それが「パン」である。
「ル・シュクレクール」のパンが「レフェルヴェソンス」のテーブルに並ぶ。そこには単なる提供元と提供先以上の関係があった。

L'Effervescence BBQ 2015.10.25 mon. @森と畑の学校

レフェルヴェソンスのスタッフ、そしてゲストを交えつつ行われたバーベキュー。2015年5月に行われた「畑の食卓」で料理とサービスを担っていたスタッフが、ゆっくりと「森と畑の学校」の自然を体感するために企画された

生江さん(以下N) 岩永さんとは共通の知人がいて、一度だけ挨拶したことがあったのですが、それからしばらく時間が経って、僕が海外から東京に戻ってお店をやらせてもらった時、岩永さんが来てくれたんです。その時は岩永さんだと明かさずに来られていたので、わからなかった。でも、ある日いきなり箱いっぱいのパンが「ありがとうございます」という言葉とともに送られてきて、身に覚えがないなと思って予約帳を遡ってみたら、岩永さんだったんです。

岩永さん(以下I) 自分がパン職人ということは認識してもらっていたと思うので、いろいろと喋るよりはと、パンを送りました。仕事を見てもらえば、自分という人もわかってもらえるかなって。

N: 次にお会いしたのが宮城県女川町に有志のシェフなどを募って震災の後に炊き出しに行った時。その時に岩永さんが真っ赤なビーツを使ったパンをつくってくださったんです。それはやわらかくやさしいふわふわの、でもちゃんと噛むと味わいが出てくるパンでした。僕らはホワイトクリームソースのハンバーグをつくって、岩永さんのパンに挟んで食べてもらいました。女川町の仮設住宅に暮らす人たち、高齢の方が多かったのですが、すごく喜んでくれました。帰りがけにひとりのおばあちゃんが「こんなハイカラで美味しいものを食べさせてもらえる世の中だったら、生きていてよかった。生きている価値がある」って言ってくれたんです。

I: それまでは、自分が行って何ができるのだろうか、とか思っていました。でも実際に行ってみて、ひとりの足の悪いおばあちゃんが坂道を下って、ゆっくり歩み寄って来て、そういうこと言ってくれて、涙流してくれたんですよね。そのひとりのために、もちろん多くの人に喜んでもらえたらと思うけど、今までの時間が全部あっても、ここに来る価値があったって思えた瞬間が僕にとってはすごく大きかった。それに「レフェルヴェソンス」の生江さんではなく、生江さんという個人

レフェルヴェソンス／生江史伸さん

大学卒業後、都内イタリア料理有名店、「ミッシェル・ブラス トーヤ ジャポン」、イギリス「ザ・ファットダック」を経て、10年レフェルヴェソンスをオープン。2015年版ミシュラン二つ星を獲得。
www.leffervescence.jp

ル・シュクレクール ／岩永 歩さん

関西で修業後、02年に渡仏し「カイザー」で働く。04年に地元大阪の吹田市にて「ブーランジュリ ル・シュクレクール」をオープン。14年、10周年とサンフランシスコ研修を期にリニューアル。
www.lesucrecœur.com

にもぐっとフォーカスが寄った出来事でした。

N: 食べ物をつくるっていうのは、どちらかというと自己顕示欲もあったりするんです。自分が美味しいと思うものを「どうだ！」って出して認めてもらう。でも、あれを聞いたときにね「あ、違うな」って。もちろん自分の味覚を信じてっていうこともあるけれども、その先にはやっぱり食べる人がいて、自分たちがやることによってその人たちの心が動いているということを強く実感できた。あれほど人の本質的なところで言葉をかけてもらったことは、後にも先にもありません。料理をつくる立場としては、自分らしさで押し売りするのではなく、そこの先にいる人たちを笑顔にするのあれば、方法はひとつじゃない。多分すごく根本的なことに気づけたんだと思います。

I: 震災が起こった時、僕らの仕事っていらないんじゃないかって思ったりしました。実際、現場に行ってみると、一応生活するにあたって必要最低限のものは揃えてもらっている。でも、だからといって、人間らしさが戻るわけではない。

> “何を思って、
> 何を感じた人間が
> 何を提供するのか”
> —— 岩永さん

N: むしろ逆でしたよね。

I: 白黒だったんです。料理があったり、パンがあったり、コーヒーの匂いがあったりとか、好きな花を一輪差したり、震災のような状況だと無駄に思えてしまうようなことが、実はポツポツと色になっていって、人間らしさというか彩りになっていくっていうのを実感できたことは、すごく自分の仕事の価値を感じることでもありました。

N: 「僕はパンをつくっているという気持ちはあまりなくて、むしろ農家さんに近いと思うんです」という話を岩永さんがしたんです。僕には、それがすごく腑に落ちて。岩永さんのところで一日体

畑の食卓 2015.5.4 mon. @森と畑の学校

神奈川県葉山町と横須賀市の中間にある「湘南国際村」内の「森と畑の学校」で行われた食事会。生江シェフが葉山の食材を使い、この場所の里山再生プロジェクトを支援する100人ものゲストに料理を振る舞った。もちろん「ル・シュクレクール」のパンも

験入店させてもらった時に「この子たちが一番気持ち良く焼けてくれるのは、人間が気持ち良いな、心地良いなというその感じ、気温も湿度も含めて」と「この子たち」や「彼ら」とか、パンを同等目線に置いていることに気がつきました。「パンが」という固有名詞じゃなくて。すごく共感できて、僕も、野菜も人間もみんな一緒、同格だと思っています。僕は料理人なのでつくる人間という意味では岩永さんと違うんですけど、すごく共感がありました。

I: つくるんじゃないからこそ人が出るんです。つくろうとすれば、いろいろごまかしも利いてしまう。だからこそ何を思って、何を感じた人間が何を提供するのかっていうことがすごく大きいんじゃないかって。目先の技術だけじゃなくて。

N: 岩永さんのパンをレフェルヴェソンスでお願いする前に、最初は僕らの姉妹店のほうでお世話になったんです。その時に岩永さんは料理のことも考えてくれていただろうし、どういうパンにするかということもあったのですが「まったく料理のことは考えなくていいです。岩永さんが一番美味しい、気持ち良いと思うパンを焼いてください」とお願いしました。そして、僕が美味しいなって思うパンの写真を岩永さんに一枚送りました。つくり方は一切注文していません。それに対応して、どういうパンを焼いてくるのかなっていうのを、僕は待っていたのですが、できてきたパンが本当に美味しかった！ 僕はパンがこれだけ美味しければ、料理も負けないように切磋琢磨という相互関係ができて、僕らのためにもいいんじゃないかなって思っています。

“パンがこれだけ美味しければ、料理も負けないように切磋琢磨するという相互関係ができる”

—— 生江さん

I: 生江さんに最初に確認していたのは、トーンを決めたかったからなんです。このレストランに

は、どの粉をベースに使っていくのかというトーンです。極端な話、ビストロだったら少しトーンが重め、レストランだとトーンがどんどん高くなっていく。しかしどこまでの高さなのか、軽さなのかって、すごく難しいんです。そのあたりを調整したかったのですが、本当にそのまま来ていいよという感じだったので、気持ち良くやらせてもらっています。

N： そして、いよいよ「レフェルヴェソンス」でも、となった時も同じようにお願いをしました。いちばん好きだと思っているパンをひとつだけしっかり集中して焼いてもらったほうが、きっといい結果が出る。そうしたらラミジャンっていうパンがきた。ラミジャンはお店の店頭にも置いてあります。僕は食事が終わると必ずお客さまのところ行ってご挨拶して、いろいろ話を聞くんです。その時に、「シェフ。今日はパンが美味しかった」って言われると「ありがとうございます」って。数人がかりでつくった料理よりも、ひとりのベイカーが焼いたパンのほうが美味しいっていう。でも、気持ち良いですよ。そうなった瞬間に、不思議な感覚ですけど「よし、わかってくれた。共感してくれた」って。

I： パンは渡した時点で、その家の子になっていると僕は思っているのですが、そのお店に食べに行った時もコースに集中しながら、その流れの中で「ちゃんとここの家の子になっている」と思えると、この店に嫁に出してよかったなって。そう思わせてくれるお店はすごく嬉しいです。でも、残念ながらそう思わせてくれるところって、そんなに多くもなかったりするんですよね。

自分の仕事の価値を、経験を通して共有し、一方は一番のパンを届け、一方はそれを受けて負けない料理をつくる。テーブルに運ばれる「その子」たちは、きっとそこに至るまでに関わった人々の愛を受けて輝いているに違いない。

№ 050 広島県

Boulangerie deRien

本場の文化を伝える

種類も、工程も、シンプルを極めたからこそ、素材本来の美味しさが味わえる

ドリアン堀越工房の店頭には、パンが箱に無造作に入れられて並び、お客さんが勝手に購入していく

01 02
03 04

01 - 04 ドリアンのすべてのパンは、堀越工房でつくられる。田村さんがたったひとりで、仕込みから成形、焼きまでを行う。先代が使っていた道具も数多く残っており、ガムテープなどで補強されながら使われている

パン屋になって開けた世界

「パン屋になるつもりはなかった」「パンが好きじゃなかった」。一心にパンを作りながら、田村陽至《ようし》さんからはパンへの否定的な言葉が語られる。話をうかがったのは、おじいさんの代からパン屋を営んできたドリアン堀越工房。看板にはパンとシェフを描いた赤いマークが「町のパン屋さん」だった頃のまま残されている。田村さんは大学卒業後、他店でパン修業をするも半年で辞め、モンゴルでエコツアーを企画する仕事に携わっていた。「パン屋から完全に逃げきった」と思えた頃、お店を閉める意向を両親から告げられる。経営が行き詰まり、多額の負債があった。両親の思いつめた表情に思わず「手伝う」と口走ったものの、跡を継ぐつもりはなかった。だが次第に離れることが難しくなり、それならばと好きだったハード系のパンづくりをはじめ、これまでの店の方向性とは異なる形ではあるものの、ついに父の跡を継ぐことになった。

2012年、ヨーロッパでパンづくりを学んだ時の、パン屋の労働時間は約5時間。早朝から長時間労働が当然の日本との違いに驚いた。さらに驚愕したのはパンの素材自体の美味しさだった。帰国後、有機栽培の国産小麦を使おうと決意。何とか使える値段の小麦を見つけ、原料に粉と塩と水のみを使うカンパーニュを基本とした数種類のパンに限定。ひとり、短時間でパンをつくり、価格は上げなかった。良い素材のパンを日常的に、との想いを込め種類、工程もシンプルを極めたパンは今も全国で愛されている。

堀越工房は、店頭にパンが入った箱と代金入れの籠、釣り銭用のコイン入れが並ぶ無人販売。客は好みのパンを袋に入れ、代金を置いて帰る。「僕がパンづくりをしていると挨拶もできないですが、せめて細かなおつりがいらないよう消費税はナシにしています」。パンと客、お互いを信じるからこその方法に、田村さんと客との繋がりが見える。「パン屋は話を聞いてもらえるのがいい」とも。パン屋が語ると、素材、パンのこれから、地球環境の話でも耳を傾けてくれる人が多いという。

　パン屋を継ぎたくなくてモンゴルまで行った田村さんだが、パン屋を継ぎ日本はもちろん、ヨーロッパのパン職人とも繋がった。田村さんのパンを求め全国から注文が入り、パンづくりの見学依頼もひっきりなし。逃げ回った末に戻ったパン屋で、田村さんは世界と繋がっている。これからさらに多くの人と深く繋がるために、パンづくりに磨きをかけていくのだろう。

05 06
07 08

05 手描きの表示板は文字もイラストも田村さん作。工房の随所に見るだけでほっこりするようなイラストが描かれている。大好きな猫の絵が多い 08 堀越工房の店頭には代金を入れる籠やパンを入れる袋などが並ぶ

Information

ブーランジェリー・ドリアン 堀越工房

A_ 広島県広島市南区堀越2-8-22 T_ なし O_ 水～土 8:00～11:00（第2土曜休）
P_ 3台 ※無人販売のため販売はホールのみ、指定の籠に支払う

ブーランジェリー・ドリアン 八丁堀店

A_ 広島県広島市中区八丁堀12-9 広島SYビル1F奥 T_ 082-224-6191
O_ 水～土 12:00～18:00 H_ derien.jp

№ 051 東京都

Toshi Au Coeur du Pain

本場の文化を伝える

ふわりとした「クイニーアマン」は程よい大きさ

トラディション
Baguette tradition
間発酵による、もっちりとして
のあるバゲット。M.O.F.(フランス最高
)のアニス・ブアブサ氏直伝の
ットトラディション
248yen
バゲット
Baguette
粉の香りと軽い食感にこだわった
バゲット。シェフ・トシがパリで毎日
一本食べていたバゲットを再現
173yen

Kamado

「トラディション」と「バゲット」製法が異なる2種類をぜひお試しあれ

玄関からすべて見通せて、好きなものを選びやすいパン棚。彩りよくボリューム満点のタルティーヌは欲張ってでも食べたくなる。「バゲット」はパリを想う店の顔。独特のリズムで生地に触れ、売れては焼いてを繰り返す

バゲットの香りが繋ぐ「パリの楽しい食文化」

日本では「メシを食う」という言葉に「生きていく」という意味がある。同じ意味がフランスでは「Le pain」という言葉に託されている。「フランスのパン屋は日常の糧を売ります。命を繋ぐ仕事なんです」。

川瀬敏綱《としつな》さんは、フランス最優秀職人の「MOF（Meilleur Ouvrier de France）」がいるパリの名誉店で修業し、トップシェフとの「フランスの食文化を伝える」という約束を胸に、2013年この地に店を開いた。フランスのパン屋のあり方を意識し、内装もパリに近づけたという。「フランスのレイアウトは入口と売り場が正対していません。それはお客さんへ圧迫感を与えないためと理解しています」。お店のドアは基本的に開けっ放しで入りやすく、パンを見渡せる空間だ。

バゲットはプスラント（冷蔵長時間発酵）で製造する。この最大の利点はいつでも焼けるところ。「フランスでは、お客様に合わせてパンを焼きます。日常の糧を切らさないためです」と川瀬さん。それをここ「トシオークデュパン」では、ひとつ173円、パリと同等の価格で提供する。このバゲットにはフランスの小麦粉に少量のルヴァン（発酵種）を使う。ルヴァンをしっかりと香らせるため、さっと焼いてさっと出すので、薄い皮で口が切れないほどの硬さになる。また短時間でも芯まで火が通る、ややスリムなシルエットに仕上げている。麦の香りを味わえる、さらっとした舌触りのバゲットは日に100本、トラディションは60〜80本、週末は合わせて300本焼く。「つくる数が増えたのは嬉しいけれど、日本のバゲットはまだまだ嗜好品、特別な日のも

ごろっとした挽肉にマッシュポテトを重ねた家庭料理、アッシ・パルマンティエをバゲットにのせて。思い出の味のトレトゥールも並ぶ。ロゴはメラメラ燃える心を表す

のとして食べられている。もっと日常のものとして食べてほしい」。静かな佇まいながら、メラメラと燃えるような熱意で話す川瀬さんの姿がとても印象的だ。川瀬さんは「パンとは主食になりうるものだが、日本ではパンといえばおやつと考える人も多い」とも話す。その観念を拭いたいという。フランスの食文化と先人の知恵や勇気を尊敬し「本当のバゲットはまだ日本に伝わっていない」という考えをもって、バゲットを日常のものとし、パン本来の役割を伝えるという目標へ、貪欲にまっすぐに向かう。

パンを主食とする川瀬さんは「フランスのバゲットは、香りを大事にします。白米のように食事をリセットしたり、香りでおかず同士を繋いで、食事をもっと楽しくするもの。パンは自由」と話してくれる。

ショーケースではトレトゥール(デリ)も販売する。今はブッフ・ブーギニョン(牛肉のワイン煮)を試作中だ。バゲットが繋ぐ、パリの楽しい食文化を届けるために。

「時にはすぐに食べたいですよね」と、店内には胡桃の木のカウンターテーブルと2脚のスツールも。ここにあるのは、パンを欲する人の「美味しい」に応える日常だ。

Information

トシオークーデュパン

A_ 東京都目黒区中根1-20-18　T_ Tel 03-5726-9545　O_ 水〜日 6:00〜19:00
H_ www.facebook.com/toshipain

オリジナルバックはパンへの愛が詰まったデザイン

№ 052 東京都

Boulangerie BONNET DANE

本場の文化を伝える

生産者の想いをパンに込める職人の魂と技

「トラディション（Tradition）」。フランス語で「伝統」を意味するバゲットをつくるのは世田谷区三宿の閑静な住宅街にある「ブーランジュリー ボネダンヌ」。オーナーシェフである荻原浩さんがお店を開いたのは3年前。開業する際にこだわったのは、フランスでの生活すべてから吸収したエッセンスを表現できる場所であること。

「パンづくりの修業のためにフランスに5年半いました。最初は純粋にパンづくりの技術を身につけることだけが目的でしたが、実際にフランスで生活してみるとパンだけでなく、野菜、ワイン、チーズなど豊かな食生活に夢中になりました。それが何なのか、もっと吸収したくて田舎へも足を運びました。そこで気づいたのが、フランスの食文化はお客様・パン職人・食材の生産者との交流の中で育まれている豊かな人間関係に支えられていることでした」

　店内にある対面式のカウンターは、パンを選ぶ際にお店の方と自然に会話ができるようになっていて、ふと上に目をやると黒板に手書きでサンドウィッチのメニューが書かれている。おやつに食べたい、手づくりの木いちごのジャムやプラリネクリームとチョコレートを塗ったものもある。注文してからトラディションの弾力ある生地に具材が挟み込まれ、最高に新

p256 _

くるみとブリーチーズを使ったサンドウィッチ。オーダー後にバゲットを切ってバターが塗られる。美味しい瞬間を楽しんでほしいという荻原さんの心配りが嬉しい

荻原さんは、陸前高田で栽培されている希望のりんごを「タルト・オ・ポム」(期間限定) にいかすなど、生産者の想いを受け止める場として様々な取り組みをしている

店名の「ボネダンヌ」は幼少のノスタルジックな情景を思い出させる帽子のこと。かつて少年だったおじいちゃんがパンを買いに来るような、長く地域に愛される雰囲気のお店

鮮なサンドウィッチを手に入れることができる。

「自分がパンづくりを通して皆と共有したいのは、温もりと心の豊かさを実感できる生活であること。そのためには、パンづくりの技術はもちろん、その土地の風土やお客様と生産者の想いを受け止めて形にする感性も必要であると考えています。バゲット本来の美味しさの伝え方を考えた末に思いついたのが、できたてのサンドウィッチを提供することでした」

トラディションの正式名称は、「Pain de tradition française（パン・ドゥ・トラディション・フランセーズ）」。1993年に法律で制定された、原材料と伝統製法を遵守してつくられるパンの名前だ。荻原さんがフランスで発見した、上質な食材を無駄なくいかしきり、お互いが支え合いながら幸せに暮らす生活。「良いパンが自然に合わせてゆっくりと発酵していくように、食材の生産者・お客様・ともに盛り上げる地域の方々とパンを通してじっくりと丁寧に育てていきたい」と語る荻原さん。これからも「ボネダンヌ」に関わる人みんなが幸せになる場になっていくに違いない。

Information

ブーランジュリー ボネダンヌ

A_ 東京都世田谷区三宿1-28-1 T_ 03-6805-5848 O_ 水〜日 8:00〜19:00

№ 053 広島県

Boulangerie Chez GEORGES

本場の文化を伝える

こんがり焼き込まれた香ばしいバゲット。シンプルながら噛むほどに味わい深く、小麦の甘みがふわりと香る

やりたいことに行き着いたブーランジュリ

本格的な「フランスのパンたち」が並ぶ、明るい店内。この地域では珍しい対面販売方式で、弾ける笑顔の奥様が迎えてくれる。お互いを信頼し合うご夫婦が、それぞれ売り場と厨房を守っている。

オーナーシェフの山本和也さんは「地元の人たちに美味しいパンを食べてもらい、フランスの食文化を伝えたい」と、2015年4月東広島市西条町に店を構えた。「部活帰りに近所のパン屋で買い食いするのが大好きで。パン屋になったら毎日パンが食べられていいなぁ、って」。あんドーナツが大好物だった高校球児は卒業後、専門学校でパンづくりを学び始める。以来、仕事はずっとパン。広島や関西のパン屋さん数軒で修業した。

そんなある日、山本さんは大病を患う。「どうせ死ぬならやりたいことやりたい」。病気がきっかけで本当にやりたいことを考えた時、見えた答えは「フランス」だった。渡仏はドクターストップがあり断念。日本でもっともフランスらしいと思っていた大阪の「ル・シュクレクール」で、縁があって働くことになる。3年間働き同店で培った技術や感性は、今の店づくりの要だ。開店前にはフランスのパン屋で研修もした。

「普通のパンならほかにたくさんある。『ル・シュクレクール』で学んだものをここでやるのが僕の存在意義」。まずは再現からはじめ、今は少しずつオリジナルを増やしている最中。奥様がつくるマカロンをはじめ、今後はフランスの地方菓子にも力を入れたいという。

取材中もご近所さんが続々とやって来る。師匠に学んだ精神と技術が詰まったパンと、フランスへの愛に溢れた「ブーランジュリ」は、確実にこの地に根を下ろしはじめている。

自慢のクロワッサンはいちばん人気。友人デザインのロゴマークは、地方ごとにあるフランスの紋章がイメージ。丸メガネと髭のデザインは山本さんがモデルかと思いきや、実は逆。デザインに合わせて丸メガネをかけるようになったそう！

Information

ブーランジュリ・シェ・ジョルジュ

A_ 広島県東広島市西条東北町2-14-101 T_ 082-498-9194 O_ 水～日 6:30～19:00

No 054 東京都

Boule Beurre Boulangerie

本場の文化を伝える

八王子の街角で出会う小さなフランス

JR八王子駅東口を出て、賑やかにお店が連なる商店街を通って少し歩いた先に見えてくる「Boule Beurre Boulangerie」。目印はフランスの街角を思わせる、赤と青のコントラストが印象的な外観だ。

「パリにあるような小さなお店をつくりたかった。といっても本物じゃないから、まぁインチキだけどね(笑)」と笑うのは、店主の草野武さん。壁には映画「アメリ」のポスターや、イラストが得意だという草野さんが描いた絵が並ぶ。店に入るとパンが焼ける良い香りと、ずらりと並ぶ種類豊富なパンに、大人も子どもも胸が踊る。もっと気軽に暮らしにパンを取り入れてほしいという想いから、2014年の店舗移転の際にカフェスペースも増設した。店先では、コーヒーを飲みながらパンの焼き上がりを待つ人の姿や、お気に入りのパン目当てにやってくる人々が行き交う光景が見られる。

広告業界でデザイナーとして仕事をしていた草野さんが、旅したアメリカでパンとの運命的な出会いを果たしたのは、今から15年以上前のこと。「とにかく香りがよく、今まで食べたパンとは別物だと感じました。カリフォル

仕込みは朝3時から。特に思い入れがあるのは「バゲット」。一般には成形の後、常温で生地を寝かせてから焼くが、草野さんは成形後は0度前後の冷蔵で保管。生地がアミノ酸を醸し出し、甘みが引き出された段階で焼く

ニア州デスバレーの近く、隣町まで数十キロあるような小さな田舎町にある店なのに、遠方からその店のパンを求めてやってくる客が絶えない。僕も、滞在中は毎日のようにその店のパンを買っていました（笑）」

その後フランスに渡り、数々の出会いを経て、パンづくりの道に進むことを決意した草野さん。いつか広告業界を離れ、自分の手でものづくりがしたいという想いの終着点が、パン屋だったという。目指すのは、自分が昔出会ったパンの感動や、パンのある暮らしの素晴らしさを、街の人に伝えるためのパンづくりだ。

人気のパンは「バゲット」や「リュスティク」「フリュイ」など素材の味と香りを活かした商品。「パン屋の楽しみは、選ぶ楽しみでもある。種類の多さに思わず顔がほころぶ姿を見るのも大きな喜び」と語る草野さんは、惣菜パンや個性派パンなど、メニュー開発にも情熱を傾ける。「こだわらないことがこだわり」の姿勢で、同店のパンは今日も進化し続けている。

オープンから10年、学びの姿勢は崩さない。休みの日は美味しいパンの研究のための食べ歩きや、惣菜パン用の地元食材の仕入れなどに費やす。最近は、地域のパン屋数軒と結託して、地元小麦の復活活動もはじめた

Information

Boule Beurre Boulangerie（ぶーる・ぶーる・ぶらんじぇり）

A_ 東京都八王子市横山町16-5 T_ 042-626-8806
O_ 水〜日 10:00〜19:00（最終水曜休） H_ ameblo.jp/boule-beurre

№ 055 大阪府

LOULOUTTE

本場の文化を伝える

01 02
03 04
05

01 ヴィンテージ雑貨でクラシカルな雰囲気に 02 フランス刺繍を施したお手製トート 03 日本の湿気を考慮し、何度も試作を重ねたカンパーニュ 04 エントランスにはバゲット型のドアノブ 05 オーナーの中岡さん

「継ぐ」を、味わうパン

江戸堀に佇むピンクの外観。赤いテントには「LOULOUTTE（ルルット）」と店名が示される。文字どおり、かわいくて愛おしさがぎゅっとつまった一軒の脇には、セパレートハンドルのバイクが一台。大阪でいうところの「ごっつ男前」なバイクだ。持ち主はこの店のオーナーである中岡里有子さん。「始発を待っていたら、パンづくりには間に合いません」と、笑顔で語る。2009年、中岡さんは愛車を置いて、パリへと向かった。そして、「ル・グルニエ・ア・パン」「デュ・パン・エ・デジデ」にて伝統的製法を体得し、2013年にこの店をオープンした。

パリでの濃密な4年間の日々は「ルルット」店内にも垣間見える。蚤の市で仕入れたアンティークの器、16世紀の銀のトレー、年代物のカフェオレボウル。視界のどこにもどれも時を経たもの、そして「フランス」が入ってくる。どこかの誰かが大切に使っていた手触りが今も宿るかのような一点たちだ。

中岡さんは「継続」という言葉が好きだと言う。酵母を育み、生地を種継ぐ、生み出して形成する毎日の繋がりが自身の糧なのだと。そして、トラディション粉や硬水を用いるハード系パンには、フランスにて脈々と継がれる手

仕事をほどこす。店内の雑貨類も、人から人へと継がれるヴィンテージだ。「継続」は、まだある。店内には、ブリオッシュなどのヴィエノワズリーや、カンパーニュなどのハード系と並列して、豆パンやフレンチトーストといった親しみあるパンも並ぶ。このミックス感の謎はすぐに解けた。入れ替わり立ち替わりに訪れるお客さんは「こんにちは」の挨拶からはじまり、スタッフと話が弾む。大阪でいうところの「掛け合い」だ。手にするトレーには、クグロフやクロワッサンと共に食パンが乗せられる。お客さんにとってここは日常、「毎日」なのだ。「技を継ぎ、素材を継ぎ、物を継ぎ、人の毎日を継ぐ」それが、中岡さんにとってのパン。親しみある一品には、そんな想いが込められている。

石臼で粉を挽き、ボンガードの窯を扱い、大きなバイクを操る女性パン職人。それでいて、やわらかな笑顔はどこまでもルルット(可愛らしい)。この店のミックス感は中岡さんそのものなのかもしれない。

06 07
08 09

06「デュ・パン・エ・デジデ」の名物に独自の解釈を加えたエスカルゴ 07 飾り棚の隅々にまで配される雑貨。眺め飽きない店内 08 アルザス地方の伝統発酵菓子、クグロフ 09 愛車のバイクと中岡さん

Information

ルルット

A_ 大阪府大阪市西区江戸堀2-3-17 1F T_ 06-6136-7277
O_ 水〜日 9:00〜19:00

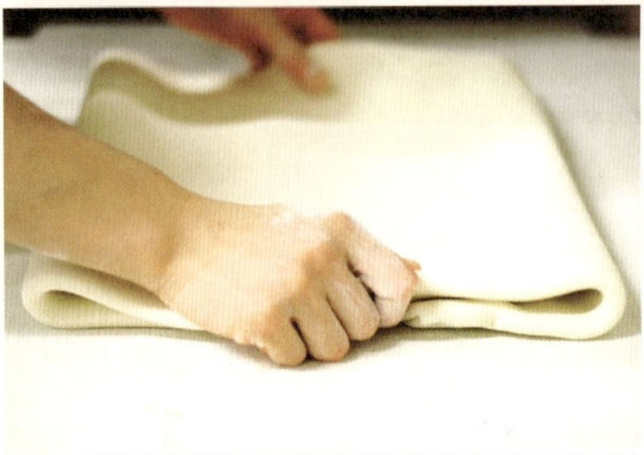

№ 056 愛知県

Boulangerie Papi-Pain

本場の文化を伝える

01 02
03 04
05

01 みかげ石床窯オーブンで焼くバゲットは、驚くほどパリッとした皮と旨味が詰まったもっちりした生地のコントラストが楽しめる
05 スタッフ全員が製造から接客まで、全作業をてきぱきと笑顔でこなすのも気持ちが良い

本場のバゲットの美味しさを日本にも

店主の笠間研成さんが愛してやまないバゲットをはじめ、天然酵母を使ったパンやクロワッサンなど約80種ものパンと焼き菓子を提供する「ブーランジェリー ぱぴ・ぱん」。鮮やかな緑色のドアと赤い壁がお洒落な店内へ一歩足を踏み入れると、スタッフの元気な挨拶と多彩なパンが迎えてくれる。

東京でサラリーマンをしていた笠間さんがパン職人を目指したのは26歳の時。会社を辞め関東のパン屋で修業するも、30歳で一念発起。フランス・ルーアンの国立パン学校へ入学するため留学を志す。当初はつてもなくフランス語も話せず、夫婦ふたりでの留学……と無謀とも思える試みだったが「本場の美味しいバゲットの技術を身につけ、自分の店を持つ」という揺るぎない決意と行動力に運命が味方する。現地で知り合ったフランス人に助けられ、語学学校を経て無事パン学校へ入学。街の人と交流することで食文化も学びつつ試験を突破、晴れてブーランジェの国家資格を取得したのだ。

努力はもちろん奇跡のような出会いにも恵まれ、なるべくしてブーランジェとなった笠間さんは、帰国後1年で夫婦の夢だった店を開店。可愛らしい響

きの店名は、フランスの絵本からいただいたそう。代表作のバゲットは、フランスの伝統的な製法を再現し、石窯と同じ遠赤外線効果や断熱効果が得られるという「みかげ石床窯オーブン」で焼き上げられた逸品。

ほかにも試行錯誤を重ねて生み出された天然酵母の田舎パン「カンパーニュルーアン」などハード系のフランスパンだけでなく、街のパン屋である限りお客さんのニーズにもお応えしたいという想いから、惣菜パンやサンドウィッチ、あんパンまでバラエティに富んだラインナップも魅力のひとつ。夕方でも焼きたてパンが並び、「朝より夕方のほうが忙しい」というのも「街のパン屋さん」として地域に根づき、愛されている証拠だ。

ここで働く6名のスタッフはみな独立開業を目指し、製造も接客も全員が行う。独立支援も行っている笠間さんは、「小さくてもキラリと光る、元気な街のパン屋さんが増えてほしい」と、今後の夢も語ってくれた。

06 07
08 09
10

06 小さなパンは来店の3時間前まで、大きなパンでも前日の18時までに予約が可能。焼き菓子も約20種類と豊富に揃うので、お土産にも 07 フランスのパン屋さんと同じく、対面販売ならではのあたたかみのある接客も嬉しい

information

ブーランジェリー ぱぴ・ぱん

A_ 愛知県名古屋市天白区植田3-1209-1 サンテラスタカギ1F T_ 052-808-7539
O_ 不定休 10:00～19:00 H_ www.papi-pain.jp

Bread around the World

世界のパンの、由来を探しに

普段何気なく食べているパンにも、意外と古い歴史があったり、様々な物語があったり。
知れば知るほど美味しい、世界のパンの由来を探しに出かけましょう。

FRANCE

CROISSANT クロワッサン

元はウィーン生まれ。1683年、ハプスブルク家の守備隊がオスマントルコを撃退した記念に、トルコ軍の三日月の旗印をかたどってつくられたのがはじまりといわれています。当時はバターを折り込んでいませんでしたが、長い年月を経て今の形になりました。

FINLAND

PERUNALIMPPU ペルナリンプ

国土の3分の1が森林で、気温の低いフィンランドでは、痩せた土地でも育ちやすいライ麦やじゃがいもなどの作物がとれます。そこで生まれたのが、ライ麦粉ベースの生地にじゃがいもを練り込んだペルナリンプ。むっちり目の詰まった食感で、食物繊維豊富です。

FRANCE

BAGUETTE バゲット

フランス語で「杖」「棒」という意味。粉と水、酵母、塩だけでつくられたフランスのパンの「基本中の基本」ですが、クープ（切り込み）がある今の形になったのは19世紀の蒸気窯登場以降です。サンドウィッチやトーストなど、汎用性がある点も親しまれてきた理由。

GERMANY

BREZEL ブレッツェル

ドイツで誕生し、今やヨーロッパ中でつくられる個性的な形のパン。パン職人が腕組みをしている形という説もあり、中世以降、西ヨーロッパにおけるパン屋さんのシンボルになりました。ちなみにクロスしている部分は堅いので、ドイツ人は食べないのだそうです。

監修：一般社団法人 日本パンコーディネーター協会

ITALIA

FOCACCIA フォカッチャ

「火で焼いたもの」という意味を持つフォカッチャは、ピザ生地の原型になったともいわれる、オリーブオイルで練った平焼きのパン。成型していないことから歴史は古く、古代ローマ時代にイタリア北西部のジェノヴァで誕生したといわれています。

USA

BAGEL ベーグル

17世紀後半、ユダヤ人が日曜の朝食に食べていたパンが起源。ユダヤ人には豚肉を食べない、肉と乳製品は別にするなどの厳しい食事の規定があり、ベーグルもその代表的な食材です。ユダヤ系移民によってアメリカにわたり、ヘルシーブームと相まって普及しました。

SWITZERLAND

ZOPF ツォプフ

ドイツ語で「編み込んだ髪」という意味のツォプフ。かつてヨーロッパの各地方には、家の主が亡くなった時、妻も一緒に埋葬される習慣がありました。やがて妻の代わりに編み込んだ髪を埋めるようになり、それが編み込んだパンに変わったとされています。

JAPAN

COPPEPAN コッペパン

バゲットと同じ生地でつくられたフランスの「クッペ」というパンが、コッペパンの原型といわれています。クッペは「切られた」という意味。形が似ているだけでなく、パンを「切って」何かを挟んで食べることが多いことからも、この名前が語源になったようです。

№ 057 New York, NY, USA

Sullivan Street Bakery

世界のベーカリー

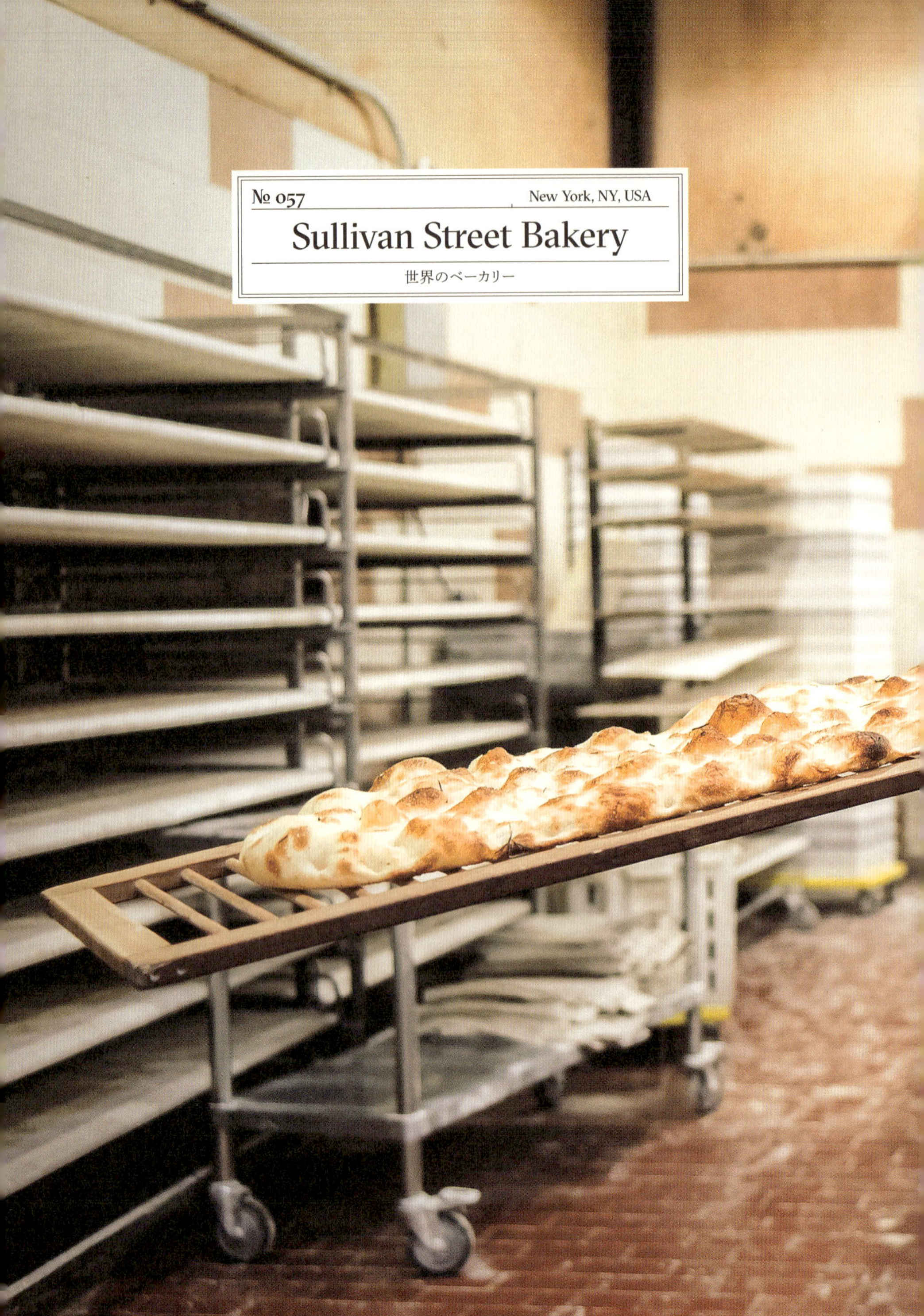

サリバン・ストリート・ベーカリーのオーナー兼シェフ、ジム・レイヒーさん。このお店をゼロから立ち上げ、ニューヨークを代表するベーカリーにまで育てあげた生粋のパン職人。手に持っているのは、つくる過程の一部始終を披露してくれたピッツァ・ビアンカ。直径は約2m。焼きたてが売り場に登場するなり、お店の中が良い香りで包まれた

ひたむきなパン職人がつくる文化となるパン

ニューヨークに住んでいれば、ほとんどの人が一度は耳にした、または目にした、もしくは口にしたことのある「サリバン・ストリート・ベーカリー(Sullivan Street Bakery、以下SSB)」のパン。市内の250ヶ所にパンを卸す有名店のオーナー兼シェフで、メディアへの出演も多数、さらに「食のアカデミー賞」と呼ばれる「ジェームス・ビアード賞」にて「卓越したパン職人」賞を受賞しているジム・レイヒーさんは、さぞや「セレブ」なのでは、と思いたくなるような輝かしい経歴を持つ。しかしながら、実際にお会いしたジムさんは、セレブとは真逆。謙虚で質実剛健なパン職人だった。

「とにかく自分に自信がなかったんだよ。唯一自信を持てたことが、パンをつくることだった」。そう話しながら、鮮やかな手つきでパン生地を成形していく。すっかり板についた一連の動作は、ジムさんとパン生地とが息を合わせてダンスをしているかのよう。

ジムさんの製法はイタリア仕込み。ニューヨークで生まれ育ち、学生時代は彫刻家を目指していたそうだが、芸術系の名門大学を中退。その後は次から次へと37回もアルバイト先を変え、将来について悶々と考える日々が続いたという。そんな中、イタリア・トスカーナ州のサン・ジミニャーノで7ヶ月間のホームステイをした体験が、その後の人生を大きく決定づけることとなった。「美味しいパンをつくろう」。そう決めたジムさんに、迷いはなかった。1994年にオープンして以来の20年強の間、どん底のようなビジネスの危機もありながら、そのたびに這い上がり、がむしゃらにパンをつくり続けた。

おすすめのパンを伺うと「全部おすすめだけど……」と笑いながら、たった今オーブンから出てきたばかりの「ピッツァ・ビアンカ」を味見させてくれた。このパン、特筆すべきはその大きさ。直径が2メートルはあるだろうか。さっそく熱々をちぎって頬張ると、外はカリカリ、中はモチモチの食感の後に、オリーブオイルとローズマリーの香り、海塩のしょっぱさ、そして小麦の香ばしさと甘さが、口の中ではじける。太陽を浴びて青々と輝くイタリアの海を連想させる、シンプルかつ鮮やかな味のパンだ。

驚くべきことに、SSBのメニューは、開店当時から、ほとんど変わっていないのだとか。「同じレシピをつくり続けるんだよ。それがひとつの文化とされるようになるまでね」。ジムさんは、移り変わりの激しい今のニューヨークの食業界の状況を「食のポップカルチャーだ」と形容する。まわりのペースに巻き込まれず、ただひたすら目の前のパン生地と向き合ってきた。20年間このスタイルを守り、技術を磨き続けてきたことが、SSBをこれほどの成功に導いたのだろう。

Information

サリバン・ストリート・ベーカリー ヘルズ・キッチン店

A_ 533 W 47th St, New York, NY, USA T_ 212-265-5580
O_ 月〜土 7:00〜19:00、日 7:00〜17:00 H_ www.sullivanstreetbakery.com

ポテト、きのこ、ズッキーニ、カリフラワー＆ゴルゴンゾーラなど数種類から選べるピザと、甘いドーナッツ生地の中にクリームが入ったイタリア発祥のお菓子「ボンボローニ（上）」が人気メニュー。ぜひ試してみて

№ 058 New York, NY, USA

Tompkins Square Bagels

世界のベーカリー

地元への愛、ベーグルへの愛

「食を通して、人の心が繋がり合って、コミュニティができていく感じが好きなんだ」。そう話すのは、ニューヨークのイーストビレッジにある大人気のベーグル店「トンプキンス・スクエア・ベーグルズ（Tompkins Square Bagels、以下TSB）」のオーナー、クリス・プリエーゼさん。彼のお店はここのベーグルで1日をはじめようとやってきたお客さんでいっぱいだ。

商品が素晴らしいだけでなく、近所の人々による、近所の人々のための、アットホームであたたかみのあるお店にしたい。クリスさんにとっては大切な「ホーム」だというイーストビレッジは、昔ながらのニューヨークの風情

TSBのキッチンを支えるのは、老舗ベーグル店であるエッサ・ベーグルで20年勤めたベテランのシェフ、ジョナスさん

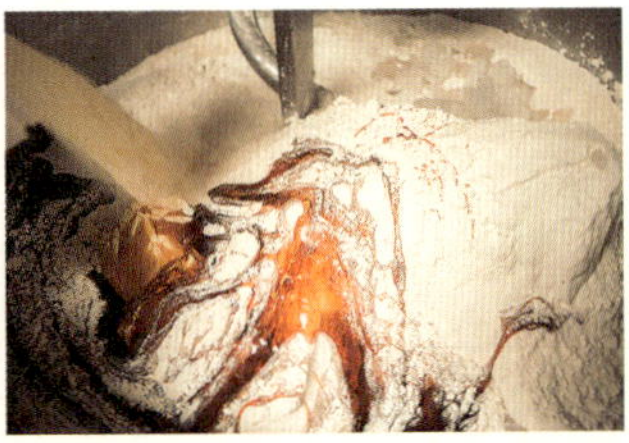

が残る数少ない地域のひとつ。この地域のコミュニティに貢献するという信念に突き動かされたクリスさんは、コストや効率は後回しにして、数々の野望を実行に移していった。ほかのベーグル店とは一味違う、地元の皆から愛されるTSBはこうして誕生した。

「外はバリッ、中はモチモチの食感」、そして「甘くて香ばしい風味」。昔ながらのニューヨーク・ベーグルに欠かせないこのふたつのクオリティを実現するため、焼き窯と甘味料には特にこだわった。焼き窯は3つのバーナーを搭載したものをフロリダから取り寄せ、甘味料は今や省略されることが多くなった液体のベアリーモルトを採用。ベストの状態でお客さんに提供するため、1時間ごとに焼き上げるスケジュール管理も欠かさない。味のバリエーションも豊か。例えば、ほかの店にはない「フレンチトースト・ベーグル」は、卵とミルクが入ったやさしい甘さが人気のベーグルだ。

TSBの美味しさの秘密は、焼き窯と液体ベアリーモルトにあり。外はバリッ、中はモチモチの食感で、独特の香ばしい甘みがある、昔ながらのニューヨークスタイル

オーダーを受けてから一つひとつつくるサンドウィッチにもTSBらしさがあふれている。ガラスケースの中の色とりどりのクリームチーズは、研究を重ねて生み出したオリジナル。「わさび」「チミチュリ」「クッキー・ドウ」など、珍しい名前がずらりと並ぶ。これらのクリームチーズに加え、ベーコンやロースト・ビーフなども、すべてお店のキッチンで一から手づくり。

たくさんのメニューには、食事に制限のあるお客さんにも楽しんでもらいたいという想いから、小麦粉の代わりに米粉やタピオカ粉を使ったグルテン・フリー・ベーグルや、乳製品を使わない豆腐スプレッドも用意しているというからすごい。

ただでさえ混沌としているこのエリアの中でもひときわ目立つTSBのお店は、木、ガラス、看板、アート作品、壁のペイントなど、これらのすべてが徒歩圏内にある会社や個人の作品だ。さらに、ここのベーグルは、その日に売れ

ガラスも、木も、メニューも、店内のサインも、外の看板も、100%メイド・イン・イーストビレッジ。どのクリームチーズを挟むか迷ったら、サンプルをもらおう

残った分がホームレスの人々を支える近所の団体に寄付されることで、最後の最後までコミュニティに貢献する。まさに、イーストビレッジの皆による、イーストビレッジの皆のためのベーグル店が、ここTSBなのだ。

「この店は、僕からのイーストビレッジ宛てのラブレターだよ」とクリスさんは笑う。ベーグルへの愛。イーストビレッジへの愛。そこに集う人々への愛。クリスさんの真心とあくなき探究心が形になった、100%メイド・イン・イーストビレッジな地域密着型のベーグル店は、今日もここを訪れる人々に、世界有数の大都市で生き抜くための力を与えている。

Information

トンプキンス・スクエア・ベーグルズ

A_ 165 Avenue A, New York, NY, USA　T_ 646-351-6520
O_ 月〜金　7:00〜20:00、土日 7:00〜19:00　H_ tompkinssquarebagels.com

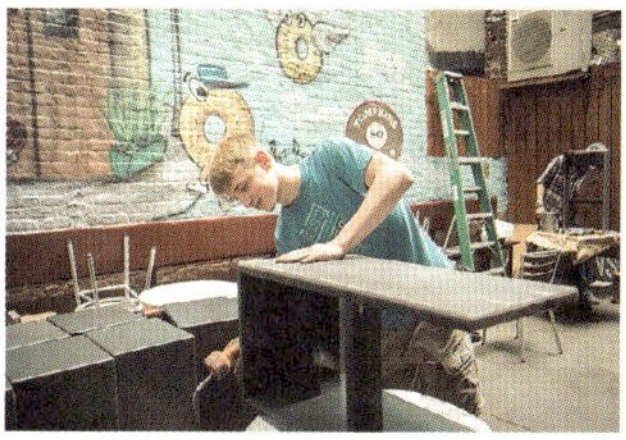

アットホームな環境だけあって、従業員のチームワークも抜群。この日は裏庭で椅子のヤスリがけをしていた

№ 059 Bow, WA, USA

BREAD FARM

世界のベーカリー

生活の質を支えるクラフトベーカリー

シアトルから北に車で1時間。「ブレッド・ラボ（p012）」からほど近いエディソンという小さな田舎町に「ブレッド・ファーム」はある。2013年創業、すべての工程を手づくりにこだわる“ハンドクラフト”精神に満ち溢れるベーカリーだ。

何万種類もの麦を研究する「ブレッド・ラボ」と親交が深いオーナーのスコット・マンゴーさんは、とても気さくに私たちを迎え入れてくれた。教育熱心な性格から、毎年夏は「ブレッド・ラボ」でも講義を開いたり、若い人材雇用を積極的に行ったりしている。この日もパンづくりを習いにきているという若者たちで賑わっていた。

今は地元住民や観光客が足繁く通う店となっているが、オープン当初はとても小さな規模でパンづくりをしていたという。それから少しずつ街の信頼できる食料品店やレストランにパンを卸すようになり、ビジネスが軌道に乗りはじめ、今は毎週末近くで開かれるファーマーズマーケットへの出店も続けている。

店は毎朝9時にオープンする。「はじめは朝の遅いパン屋さんってどうかと思ったけど、このやり方を包み隠さずにみんなに伝えてみると、意外にも理解してくれる人が多かったんだ。あとは食べてくれる人が選んでくれればいい」。

その日、スコットさんは話の中で「Quality of life」という言葉を何度も使っていた。その意味は何なのか？ と聞くと、いたってシンプルな答えが返ってきた。「健康的な生活と家族との時間を大切にすること。だから夜中22時から早朝にかけてパンづくりをする働き方じゃない策を考案したんだよ」。彼にとって大切なことを守りながら、今できるベストを尽くす。その働き方が彼にはしっくりきたという。

可能な限りその土地で育ったオーガニックのものをパンづくりに取り入れたいという想いから、素材への探求は常に続いている。「一見、5～7ドルもするパンは高級だと思われるかもしれない。けれど病院でもらう薬の代わりに美味しくて栄養のあるパンで健康になれるなら、皆そのほうが嬉しいでしょ？ 良い素材から時間をかけてつくるんだから、妥当な価格だと思っているよ」と。

お店で売られているものはパンだけではない。厚みのあるクッキーも人気メニューだ。全粒粉のココナッツテイストやココアニブ、クランベリーピスタチオなど、常時15種類のクッキーが並ぶ。その日も近所のおばあさんが孫を連れてパンを買いにやってきていた。当たり前の日常にやさしく溶け込むパンがそこにはあった。

Information

ブレッド・ファーム

A_ 5766 Cains Ct, Bow, WA, USA T_ 360-766-4065
O_ 9:00～19:00 H_ www.breadfarm.com

*p278_*

カントリー調のどこか懐かしい外観。「FRESH BREAD」と掲げられた看板、両脇に植えられた植物、きれいに磨き上げられたガラスから店内を覗いてみると、パンを買いに求めるお客さんや活気あるスタッフで賑わう

フィリング（左下）やクリームも手づくり。この日はパンに挟むためのオレンジシロップとクリーム、アーモンドクリームを仕込んでいるところだった

「CHUCKANUT MULTIGRAIN」（右下）は、8つの穀物と糖蜜の入ったパン。カウンターからは笑顔が素敵なお兄さんがあたたかく迎え入れてくれた

№ 060 Portland, OR, USA

Spielman Bagels

世界のベーカリー

サワードウからつくるスピルマン式ベーグル

朝6時、オープンと同時に満席状態。通勤前の常連客が足繁く通うベーグルの店「スピルマン・ベーグルズ」がアメリカ・オレゴン州ポートランドにある。水と小麦だけでつくるサワードウスターター。それを発酵種として取り入れたオリジナルベーグルだ。メニューは定番のプレーン、セサミ、エブリシングなど全16種類。そして自家製のペーストやクリームチーズなど全7種類のトッピングも常時揃う。毎日来てくれるお客さんがその日の気分でベーグルを楽しめるようにと選択肢が多いのも特徴のひとつだ。

白ヒゲがトレードマークの陽気なオーナーのリック・スピルマンさんは、誰よりも元気に行き交う人々と挨拶を交わす。
「はじめはこの中にお湯を沸かしてベーグルを茹でていたのさ！ 小さいだろう？」。笑いながら、銀色の浅いトレイを見せてくれた。はじめ十分な設備がない頃は、小さなトレイとガスコンロひとつで1日に300個ものベーグルをつくっていた。今では専用の工房を構え、1日に16種類、2000個以上

店で流れる音楽はこのカセットテープから流れている。まるで自分のリビングルームにいるかのようにリラックスできる空間になる

ものベーグルを製造できるまでに成長した。

今は自らベーグルをつくらなくなったが、当時はとにかくベーグルをつくることが楽しくて仕方がなかったという。時にはお客さんが手伝いにきてくれこともあったそう。

「皆ベーグルが好きだし、素材にこだわればこだわるほど誰もが興味を持ってくれて、その個性を尊重してくれる。シェフたちも気軽に食べにきてアドバイスをしてくれた。とにかくここの人は皆がハッピーになることを望んでいるからね」

今日もリックさんが大切に育ててきたベーグルではじまる朝が来る。

地元ポートランドでつくられる「Jacobsen Salt」を使ったソルトベーグルもある

水と小麦だけでつくるサワードウスターター。これがスピルマン式ベーグルの美味しさの秘密

Information

スピルマン・ベーグルズ

A_ 2200 NE Broadway St, Portland, OR, USA T_ 503-477-9045
O_ 月〜金 6:00〜16:00、土日 7:00〜16:00 H_ www.spielmanbagels.com

職人の個性が映えるクロワッサン

思わず手を伸ばしたくなる、美しくカラメル色にこんがりと焼き上げられたクロワッサン。「オノレ アルティザン ベーカリー」のペストリーはどれも力強い濃い色をしている。シアトルタイムズでもベストクロワッサンとして称されるほど、それを目当てにやってくる客も少なくない。このクロワッサンの秘密をオーナーシェフのフランツ・ギルバートソンさんが快く教えてくれた。

「何が僕らのクロワッサンを特別にしているか、すべての工程に丁寧な作業を心がけていることかな。ミキシングから発酵、折込に生地を寝かせて焼成するまで、注意を怠らないこと。それと僕のペストリーのほとんどは、長めにゆっくりと焼くことも特徴。それにより外側が濃いカラメル色になる。バターをしっかり楽しめる柔らかい内側の生地とパリっとした食感のクラストのコントラストが僕の好みなんだ」。何よりも彼自身が食べて心から美味しいと思えること、そして純粋にいちばん好きだと思える状態でお客さんへ提供することを大切にしている。

そんなフランツさんはこの土地で、10年近くパンづくりをしてきた。

「『オノレ』をオープンさせたのはおよそ8年前。この地域に住む人はとても親切で、僕や家族のことをとてもよくサポートしてくれるんだ。長い間過ごしてきたこのコミュニティに感謝しているよ」。

今後挑戦したいことについて聞くと意外な答えが返ってきた。「これからは古代麦を取り入れるベーカリーが増えるんじゃないかな。型にはまらず、未だ使用されていない穀物なども注目されてほしい。近くの農場と提携して小さなロットでも使う分だけを自家製粉できたり、自分たちの地元で作物を育てるのもいいね」。新しい素材への関心や好奇心が高いシェフだからこそ、クロワッサンもさらに進化する。これから彼がつくり出すパンが楽しみだ。

Information

オノレ アルティザン ベーカリー

A_ 1413 NW 70th St, Seattle, WA, USA T_ 206-706-4035
O_ 水〜金 7:00〜16:00、土日 8:00〜16:00 H_ www.honorebakery.com

*p285_*

どの工程も手を抜かない。オーナーのフランツさんの想いが詰まった美しいクロワッサン

№ 061 Seattle, WA, USA

Honoré artisan bakery

世界のベーカリー

さいごに

「パンが好き」「パン屋さんが好き」という、気持ちでどこまでできるか。

無謀に思える挑戦の過程と結果が、この本に詰まっています。

世界のパン屋さん、日本のパン屋さんに足を運び、直接お話を伺いました。普通では考えられないような取材の仕方だったと思います。何時間もお店にいて、あれこれ聞いて、パンを食べて。あるところではカンパーニュに使う栗を切るお手伝いをしたり、別のところでは夜の窯への火入れから朝の開店時まで、2日に渡ってお話を伺ったり。（なんとご厚意で宿泊させてくださったお店もありました）贅沢な取材の仕方だと思います。

あるパン屋さんが「好きなことを追求し続けたら、世界に繋がっちゃう」と、お話してくれました。私たちはそれを体感しています。「大好きなパン」を突き詰めていたら、色々な興味が次から次へと湧いてきて、知識も人の輪もどんどん広がり続けています。お互いが影響し合いながら大きくなっていく。人としても、繋がりとしても、社会としても発酵しながら膨らみ続けていく感じ。「大切なことはすべてパンが教えてくれた」。そんな風に思う日が来るような気がしています。

「また行きたい」と、思うお店を取材させて頂きました。取材を終えて、ますますそのお店が、その人たちが好きになりました。美味しいパンが生まれるまでの物語を知ると、よりパンを美味しく楽しめると思います。この本を読みながら、パンを食べ、今までよりもっと幸せを感じてもらえたら嬉しいです。美味しいパンのある毎日がこれからもずっと豊かでありますように。

Bread Lab チーフ・ディレクター　入江 葵

大きなパンをみんなで分け合う、そんなパンの楽しみ方が私は好きです。パン屋さんやBread Labチームだけでなく、多岐にわたりあらゆる方々と「パン」で繋がり、想いを互いに分け合えた気がしています。一生の中でも大切な体験でした。パンの素晴らしさがこの本を通して皆さんに届きますように。

Bread Lab PR　多東えりか

美味しいパンの秘密って何だろう。その答えはこの一冊に集約されていると思います。国や地域、人種や文化を越えて、パンと真正面から向き合うクラフトマンたちに教えてもらったこと。それはパンが私たちの命の糧だということです。

Bread Lab マネージャー　佐々木 緑

EDIT
佐々木 緑 (Bread Lab／MEDIA SURF COMMUNICATIONS INC.)
鈴木絵美里
多東えりか (Bread Lab)
仲野聡子
堀江大祐 (MEDIA SURF COMMUNICATIONS INC.)

ART DIRECTION & DESIGN
岡村佳織

DESIGN
金森 彩
大川方未

ILLUSTRATION
小池ふみ

TEXT
竹田潤平 (MEDIA SURF COMMUNICATIONS INC.|p028-031、068-073)
若菜公太 (MEDIA SURF COMMUNICATIONS INC.|p040-043)
小松崎拓郎 (p044-047)
小田部仁 (p084-085、112-119、178-181、232-237)
井田裕子 (p086-089)
Josefin Vargö (p102-109)
坂口ナオ (p120-123)
渡辺志織 (p174-177)
Rika Manabe (p226-229)
立花実咲 (p238-239)
大津由利子 (p248-251)
新井優佑 (p252-255)
岡島悦代 (p162-163、187-188、220-225、256-259)
佐野知美 (p262-263)
笹谷 優 (p264-265)
望月勝美 (p266-267)
Maho Honda (p270-277)

PHOTOGRAPHY
Rika Manabe Photography (p012-019、026、099、226-229、278-281)
山口健一郎 (p020-025、027、264-265)
藤 啓介 (p028-033、040-041、048-051、068-073、080-095、112-123、170-173、178-185、194-197、212-217、232-237、246-251、256-261)
五十嵐阿実 (p036-039)
西田香織 (p042-043、046-047、200-209)
山田 薫 (p002、006-009、052-053、126-131、166-169、186-193、198-199、238-239、252-255、262-263)
山下道生 (p053)
Christine Dong (p054-057、067、148-156、230-231)
Christpher Hunt (p102-109)
濱田 晋 (p060-066、158-163、240-243、266-267)
大城 亘 (p074-079)
Lara Swimmer Photography (p100)
Junko Mine (p098-099、101、284-285)
瀬底正之 (p132-143)
嶋貫泰至 (p144-147)
田中佑資 (MEDIA SURF COMMUNICATIONS INC.|p164、220-225、282-283)
間澤智大 (MEDIA SURF COMMUNICATIONS INC.|p174-177、198-199)
田中祐樹 (p210-211)
小熊彩花 (p223)
嶌原佑矢 (p244-245)
Ayumi Sakamoto (p270-277)

企画・制作協力
赤塚桂子／Adrian Hogan／稲垣智子／大西真平
三枝弦太郎／原田浩次 (パーラー江古田)
阿部 柚、倉本 潤、酒井かえで、高木康介、松井明洋 (MEDIA SURF COMMUNICATIONS INC.)

SPECIAL THANKS TO
相原隆司、相原智子 (fato.)／菊池嘉人／世田谷パン祭り
出川光／Farmer's Market Association／Motion Gallery

AUTHOR
入江 葵
Bread Lab チーフ・ディレクター

幼少時からパンを愛して食べ続け、巡ったパン屋さんは国内外合わせて1000軒近く。大学卒業後はモデルやMCを仕事としながら、パン屋巡りを継続。現在ではパンにまつわるセミナー、ワークショップの講師、ツアーの企画、書籍・ウェブ媒体での執筆、各種メディアへコンテンツ協力、そして青山パン祭りの企画・運営を担う中心スタッフとして活動。自身のパンに対する見識を深め、それを多くの人とシェアしていきたいという想いから、Bread Labを立ち上げ。第一弾企画として書籍の制作に取り組む。

THE STORY OF ARTISAN BREAD
CRAFT BAKERIES
パンの探求 小麦の冒険 発酵の不思議
»»—— 2015 EDITION ——««
青山パン祭り by Bread Lab

2015年11月22日　第1刷発行

著者　入江 葵
発行人　黒﨑輝男
発行元　Bread Lab

発売元
メディアサーフコミュニケーションズ株式会社
東京都目黒区青葉台3-3-11 みどり荘3F
03-5459-4939

印刷・製本 藤原印刷株式会社

ISBN978-4-9907396-6-9

bread-lab.com